今すぐ知りたい 日本の電力

明日はこっちだ

いとうせいこう 編著 

東京キララ社

目次

まえがき

さてこのインタビュー集は、このところ突然旗色が悪くなったかのように見える「再生可能エネルギー」に実際に関わっている方々への真摯な質疑応答でできている。

発電を農業と結びつけて進める人、その電気の中からより良いものを選んで集め、それを家庭や店舗や工場に売る人、一般の電気網から切断された暮らしを可能にするために蓄電池を開発する人、そして海外で何が起きているかをよく知る専門家。

なぜそんな本をつくろうとトップスピードで動いたかといえば、僕自身が〈みんな電力〉の協力で〈いとうせいこう発電所〉を福島に持ち、太陽光でつくった電気を限られた契約者の方々に売ってみているからだ。なぜ自分で発電所を持ったかといえば、まず第一に「誰でも発電できる世の中になったのだ」とわかりやすく構造の変化を示したいからであった。

だが、状況が変わってきた。いや、変わらされてきたというのが実感だ。

それならなぜ「変わらされている」のだろうか。

ということで、僕は各地へ飛んで質問を繰り返した。

エネルギー不足はなぜ起きているのか。

再生可能エネルギーは本当に明日への道を照らすものではないのか。

ここで行く方向を誤ると、ほんの十数年後、私たちはどん詰まりの前で立ちすくむのではないか。

そういう危機感からこの本はできている。

読み終えて、さて皆さんはどの道を選ぼうと考えるだろうか。

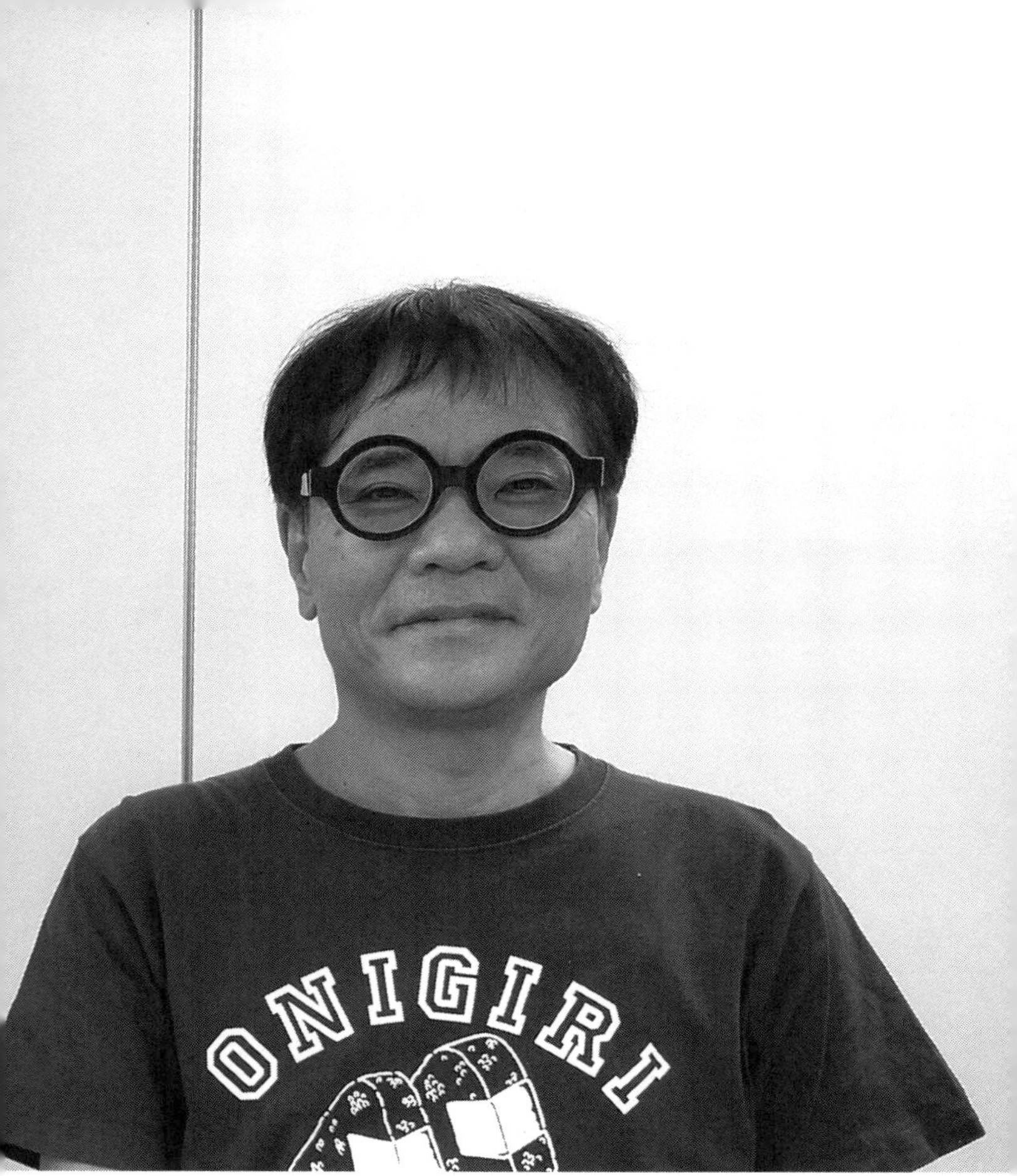

はい、まずは元〈みんな電力〉、現〈アップデーター〉の偉い人、僕も自分の発電所のことで何度も会って話したことのある梶山さんへのシリアスなインタビューです。

この第1章は、日本の電力がどういう仕組みであなたの家に運ばれているか、その値段はどう決められているかを細かく説明してもらっていますので、ちょっと面倒。

なので最後に読んでも

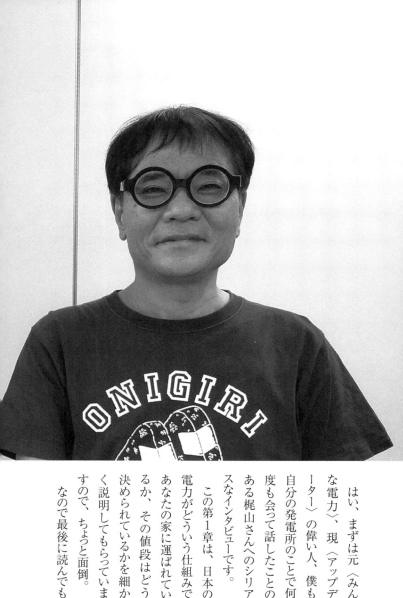

chapter 1

電力問答　なぜ高くなった？

梶山喜規

いいかもです。
　しかし二十一世紀の私たちの生き方を占う「再生可能エネルギー」の業界がどのように追いつめられているのか、そのヤバめの焦りだけは十分に想像しつつ、先へ進んでください。

電力業界を変えていきたい

いとう　梶山さんはみんな電力、つまりみんでん改めアップデーターの、ええと役職は？

梶山　取締役、脱炭素事業本部長です。

いとう　なるほど。そして、元は東電社員であると。

梶山　はい。

いとう　東電には何年いたんですか？

梶山　15年間です。

いとう　15年いて、再生可能エネルギーの方に行きたいと思った？

梶山　もともと大学時代から再生可能エネルギーには関心はあって、1997年に第3回気候変動枠組条約締約国会議、いわゆるCOP3という国際会議が京都であったんです。当時私は京都にいて学生だったので、まわりには環境NGOの一員として関与してる友人もいたりして、身近なこととしてそのあたりから関心を持ちました。

いとう　自然な流れのように。

梶山　はい。「エネルギーをやりたい」と思って、ただ当時は電力自由化も何もなかったので「エネルギーをやりたい」となったら東電に入って「中から変えられないか」と、一応そういう想いは持ちながら、なかなか変えるまでにはいたらず（笑）。

いとう　東電ではどんな部署に？

梶山　ちょうど2000年から電力自由化というものが徐々にはじまってきました。そんな状況下で、入社3年目ぐらいから電力自由化制度設計とか、要は「電気料金はいくらにするか」みたいなことを。

いとう　自由化した場合の設計ですね。

梶山　そうです。東電社員4万人の中で、それは本社の20人ぐらいの部署だったんですけど、そこで基本的には小売りの料金も決めていました。あとは「託送料金」という、新電力がいわば電線を使う場合の料金みたいなものもそこで決めるし、他にも新電力に対しての電気の卸売りがあって、その値段を決めたりする、そういう部署がありました。そこに長年ずっと、13年ぐらいはほぼそこにいました。

いとう　東電の中にそういう部署があったっていうこと自体、知られてないかもですね。

梶山　それと、13年のうち2年間は〈電気事業連合会〉通称・電事連というところに出向していました。そこでは役所との調整、例えば「新電力が系統を使う場合の細かいルールをこうやりましょう」みたいな、電力業界代表としてそこの折衝をやったりとか。

いとう　系統って？

梶山　電力の系統というのは、発電所と電力消費者を繋ぐ、送電線や配電線のことで、新電力は電力会社の系統を借りて自分のお客さんに電気を送るので、その料金がいくらかかるのかは、新電力にとって非常に大事なものなんです。

いとう　おおもとのところじゃないですか。東電は梶山さんが辞めて、めちゃめちゃ困ったんじゃないですか？

梶山　いやいや、そんなことは（笑）。

いとう　困るでしょ！

梶山　東電とかが「すごいなあ」と思うのが、べつに人が代わっても仕事のパフォーマンスが落ちないんですよ（笑）。

いとう　わ、すごいね（笑）。

梶山　逆に言うと、個性を前面に出した仕事はやりづらいんですけど、基本的には誰が対応しても同じ答えをするみたいな。

いとう　要するに優秀な官僚的な。でもその代わり、「それだけの設計はするよ」ということですもんね。「人が代わっても変わらないことをつくる」っていう。

梶山　そうです。

いとう　それをやってきて、その中で自由化をするんじゃなく、違うところでやろうと思ったのはなぜなんですか。

梶山　もともと、大学時代からずっと電力の在り方に疑問を持っていました。結局当時は、「電源構成」みたいな話が主だったし、再生可能エネルギーもほとんどありませんでした。「電源構成」というのは、水力をどのぐらい、火力このぐらい、原子力はこんなものみたいな、それこそ「ベストミックス」という言い方をしたりするんですが、「そういうことは電力会社が考えますから心配しないでください」というスタンスなわけです。そこがおかしいんじゃないかと私は当時から思ってて、そこには消費者の意見みたいなものを反映する場があまりにないように見えていました。

その後、2000年代初頭になって、私も一部市民発電みたいなものに出資したこともありました。でもそれも、発電所をつくって、発電して送電線に電気を流して終わりなんです。それが「その後どう使われるか」というところになかなか関与できない現実があった。ずっとそういうもやもやを抱えてきて、震災が起きて、震災直後の料金を値上げしないと東電が潰れるというタイミングがあり、それも私が担当したんですけど、無事に終えた後、本当に忙しかったんで腑抜け状態になりました。

その時に、「やっぱりこの業界を変えていきたい」と思って、ちょうど家庭用の自由化もするかもしれないという議論が当時はじまっていて、それで外に出たいと思ったんです。その時入ったのは出光興産という大手石油会社でしたが、出光興産がちょうど再生可能エネルギーに積極的に取り組みはじめていた時だったので、そこに行きました。

いとう　それでその後、みんでん？

梶山　いいえ、エネットというＮＴＴ系の新電力に行きました。ちょうど２０１６年、「全面自由化がはじまる」という流れが見えていた時に、これはたまたまですが、もともと小売りの分野が専門なのでそこで自由化を目の前にして「何も関われないのは寂しいな」と思っていて。そこに昔の知り合いの方にお誘いいただいて、エネットで低圧全面自由化というところを一プレイヤーとしてやっていきたいなと思って。

いとう　ん？　低圧全面自由化って？

梶山　大規模な工場や事務所ビルのような、高圧・特別高圧と呼ばれる分野はそれ以前から電力供給元を選べる自由化が実施されていたんですが、２０１６年４月に一般家庭や中小のビルなど、低圧で電気の供給を受けるお客さま向けの電気事業も自由化されまして、つまり電力小売事業は全面的に自由化されたんです。

いとう はあ、なるほど。

梶山 でも結局、エネットはすごいしっかりした会社ではありますが、最終的にみんでんの魅力には勝てず（笑）。

いとう そこ重要だ。大石（英司。アップデーター社長）さんの考えてることが、梶山さんのやってきた道と同じだったたってことでしょ。

梶山 そうですね。大石さんのまさに、わかりやすいたとえだと「お姉さんの電気」ですね（笑）。この人がつくった電気なら高くても買うよ、という。

いとう そうそうそう、好きなアイドルが電気つくってたら応援しちゃうでしょってやつね。電気も結局のところ「人なんじゃないか」って言い出したわけですよね。

梶山 そうなんです。私もそれまでは発想として、太陽光とか風力とか、電源種別による違いのイメージを強く持っていました。でも、同じ太陽光でも「誰が発電したかによって価値が違うんじゃないか」というのが、ある意味私が考えていたよりも、もっとさらに広い世界というか。

いとう　もっと一般の消費者のところに降りていった場合の考え方ですね。消費にも色があるよってことだ。

梶山　それを仕組みとして、つまりビジネスとして実現するっていうのにすごい興味を惹かれました。それで私は、自分自身はそんなにアイデアマンではないんですが、ガチガチの規制が入った電力業界の中で「どうすればビジネスとして軌道に乗せられるか」みたいな部分であればそれなりに貢献できると思って、それでみんでんに入ったのが２０１９年です。

いとう　ちなみに梶山さんの話を聞いていると、僕は例えば東電とか、あるいは他の電力会社もだけど、イメージとして、再生可能エネルギーがそれだけちゃんと進んでたと思っていなかった。選択肢としてまったくないと思ってたんだけど、実はけっこう社会、あるいはそこは「政府は」と言ってもいいけど、進んでたんですか。

梶山　そうですね。

いとう　それは、どのぐらいから?

梶山　それこそやはり、発電の方から先に進んでいました。市民が小さいお金を出し合って発電所をつくるというモデルは、２０００年ぐらいからもうあったんです。北海道の札幌なんですが、市民風力発電の会社で、かなりバイタリティに溢れた方が、北海道の生協からはじめていた取り組みを私も目ざとく見つけて。当時まだ東電の中で馬車馬のように働いていた頃に、「これは唯一夢を見られる世界だ」と思って（笑）。そういうところにお金を出して、お話聞きに行ったりしていましたね。

発電と送電のバランス

いとう そういう動きの中でよく言うのは、発送電のバランスですよね。発電は自由になってきてるけど、どうしても送電は、送電網があってそれを既存の組織が持っていると。これは正しい認識でいいですか。

梶山 正しいです。

いとう この送電が自由にならないことが、今でも問題の根っこになってるような感じですね、いまだに。ここのところを押さえられていると、いろいろなところで太陽光がつくられてても、結局それをどこかに送るたびにお金がかかっちゃう。

梶山 送電はなかなか難しい分野で、送電や配電の部分は、そもそもまず、それこそ太平洋戦争より前の日本だと、誰でも送電線をつくってよかった時代があって。

いとう そうなんだ。

梶山 でもそれはそれで、ものすごい非効率なんです。おのずと、町中に電柱と電線が溢れるっていう世界になっていたので。

いとう ああ、そうだよね（笑）。「これ、誰のなんだ！」っていう。

梶山 そう、それはそれであまりいい仕組みではないので、必ずしも関東地方を全部1社という必要まではないとしても、やっぱりそこはある意味地域独占です。現実今は六本木ヒルズのような一部地域だけが別で、あそこは森ビルグループが経営しています。

いとう え、送電を？

梶山 送電自体を。

いとう そんなことができるんですか。

梶山 制度上できるんです。あと、屋久島とかも九州電力じゃないんですよ。

いとう へえ、そうなんだ、全然知らない！　それは法律上問題ない？

梶山 ＯＫなんです。

いとう つまり、ある意味では、誰がやろうと思ってもできるということになってる。

梶山　ですね。

いとう　でも、なかなか誰もしようとしないのはどういうことなんですか。すごいお金がかかるとか？

梶山　ガスとの対比でいうと、ガスはまだガス管がない地域がいっぱいあるけど、電気は電線網がすでにある。だから、誰かが新規参入しようと思ったら「既存の設備はどうするの」という話になってしまうので、新規参入は滅多にないんですね。

いとう　でも、六本木ヒルズはなぜそれをわざわざやったんですか。

梶山　あそこはまさに再開発地域だったので、それまでは一般の家がたくさんあったのが六本木ヒルズとしてまとまった開発に向けて一旦全員立ち退いちゃったんです。それで完全に更地になったので、そこに対して新しい会社が電線を、しかも「全部地中化でやりますね」ということになったんです。

いとう　なるほど。だからさらに新しくやろうとする必要がないというか。

梶山　そうですね。

いとう　もうあるわけだから。

梶山　そこで問題となるのは、いかにそうやって地域独占を認めたものを、誰でもが気軽に利用できるような制度にしていくかというところですね。

いとう　それはあんまり進んでない？

梶山　ここは、前に進んでるという意味では一応進んでると僕は思ってるんですけど、でもなかなかゆっくりです（笑）。

いとう　やっぱり今、新電力が困っているのもそこの部分なのかなって。

梶山　ただ、それこそ電気の自由化は２０００年からはじまって、当時は九州の発電所から東京の需要家に送ろうと思ったら九州、中国、関西、中部と、各地域の電力会社全部に託送料金を払わなきゃいけなかったんです。でもそれだとさすがに何も実現できないので、２００５年頃「そういうのはやめましょう」となって、今は九州の発電所から東京に送るには東電だけに払えばいい。

いとう　そうなんですか？

梶山　そういう仕組みになっているんです。それで全国の電力の流通が活性化できればという。

いとう　かなり自由に送りあえる。

梶山　ただ、それ以上に問題の方がたくさんあるという（笑）。

いとう　どんな問題でしょう。

梶山　それは、例えば連系枠という「枠が空いてません」という理由で、発電設備を系統連系しようと思っても空きがないので「できるのは何年後ですね」、「いくら払ってくれたら連系できますよ」みたいな。

いとう　系統連系というのはなんですか？　つまり、電気を電気網に乗せさせてくれないってこと？

梶山　系統連系というのは、発電所を電力系統に接続することで、ルールとしてはそういう「系統への接続を拒否してはいけない」となってはいるんです。ただ拒否しちゃいけないとはいえ、じゃあ「ここに太陽光発電所をつくりたいです」と言うと、「そこに連系するためには系統を増強しなきゃいけないから、1億円です。期間も2年かかります」という回答がきたら、新電力としてはそれはできないとなる。

いとう　お金がかかり過ぎる。

梶山　実質的にできないに等しいんですけど、そういう回答をされるんです。それはどうしてかというと、ここけっこう難しいんですけど、やっぱり系統を運用するいわゆる技術屋さんとしては……例えば送電網ってエリア単位で管理してるので、それが東京電力であれば関東地方、あとは山梨と静岡を一部含みますが、その地域の周波数は常に50・0Hz（ヘルツ）なんですね。

いとう そう、ヘルツが違うんですよね。

梶山 これが実際に49・9とか50・1とかならそんなに問題ないんですが、つまりだいたい50・0付近で常に震えてるんですね。それを最小の幅に揃えておかないと、実際に工場の機械とか全部止まっちゃいますし、外れ過ぎたら停電になってしまうんで、そこが一番大事なんです。そういうところに責任を持ってる人たちからしてみると、悪影響を与えそうなものっていうのは、あまり連系させたくないんですよね。「連系するんだったらこういう要件満たしてくれ」みたいな条件を出したくなるのは、それは仕方がないんです。

ですので、ルールがなかなか厳しいというか、あまりたくさんの発電所を一ヶ所にドカンと連系させると、例えば太陽光であれば天気が急激に雲で覆われたらその分発電が一気に減ります。そして発電が減ると、50・0だった周波数が下がっちゃうんですね。

そうなると、需要側の設備がそんなに急激に変動しないのに対して、発電側の再生可能エネルギーは風力にしても太陽光にしても、局地的な周波数をかなり急激に変動させる恐れがあるんです。

いとう　なるほど、そこは本当に難しいですね。しかも関東と関西には、ヘルツが違う件もあるでしょう。なかなか統一させられない、境がどこか知らないけど、原因にはそのこともけっこうあるんでしょ。

梶山　境界は静岡県の富士川です。そして、確かにあれは難しい（笑）。もちろんQ＆Aとしていつも出てくる話ですけど、それはもう歴史的に、最初に関東と関西でそれぞれ違う発電機を使ったのが原因で、結局のところそれで決まっちゃったんです。発電機で発電する時の周波数が50Hzなのか60Hzなのか。関西がドイツ、関東はアメリカの発電機を最初に導入したわけで、時代的には明治ぐらいまで遡る話ですが。

いとう　そこさえも知らないもん、僕らは。電気って意外に複雑。ということは、関西の冷蔵庫とか東に持ってきちゃうとダメとか、昔は都市伝説のように言ってた（笑）。

梶山　家電製品はどちらにも対応できます。でも工場の機械はどちらにも対応するとなるとお金がかかるので、どちらかでしか動かないものが多いんです。身近なアナログ時計も、何もそういう装置を付けてないと動き方が違っちゃうので、60分で針が1周すべきところが50分で1周しちゃうとか。だからそれを補正する装置を、普通の家電製品は全部組み込んであるわけです。

いとう　他の国でもそんなのってあるのかな。

梶山　日本は特殊仕様ですね。よく国によって電圧や周波数が違うので、旅行に変換装置を持っていくじゃないですか。日本国内は、あれを東と西で機械の中に組み込まないといけないわけです。

いとう　そういう歴史上のヘルツの違いの問題、そして安定の問題などがあって、どんどん発電されても繋いでくれない、と。

梶山　もうひとつあるのは、原子力を中心として、今は止まってるけれども動くかもしれない状況がありますと。

いとう　それ！

梶山　これがやはり、「動くかもしれない」ということは、それが動いても電力系統は大丈夫という状態にしとかなきゃいけないわけです。例えば東日本では現在原子力はひとつも動いていませんが、福島で動かせないにしても新潟の柏崎刈羽とか、東北の女川原子力発電所が動くかもしれないので、これらが動いた時にバランスが崩れない状態にしないといけない。それも踏まえて、新しい発電所を繋いでも大丈夫かどうかというシミュレーションを電力会社側はしています。

いとう　簡単にいえば、空けといてるっていう。

梶山　そうですね。空けとくというのと、あとはバランス。ある地域で増えるかもしれないということは、同じ地域にデカい発電所は連系させられません。

いとう　原子力発電を諦めないことで、たとえそれが動かなくても系統を空けておく状態が続く。いくつも実際に動かすとなればなおさらです。おかげで再生可能エネルギーの発展が止まってしまう。

梶山　私は物理学をやってたとかでもなく文系の人間でしたので、正直「技術的にこうすれば実現できるじゃないか」みたいなことはいえないんですが、電気事業制度って「できるだけたくさんの人がちゃんと納得できる仕組み」で、「誰かが致命的な損害を受けない」みたいなものを、時間をかけてつくっていかなきゃいけなかったんです。

もちろん全体としては「脱炭素の方向へ向かわせたい」というのがある中で、本当に効率だけ考えたら、新電力とか発電事業者が何百社あるというのではなく、誰か1社がドカンと発電を担当した方が、正直コストも安いかもしれない。でも、それだとやっぱり納得性がないんです。

いとう　結局中央集権型になっちゃう。そのことの弊害があったという反省の上に、今があるのに。

梶山　ですので、なかなか答えが出ないんです。

いとう　その状態に今はあって、しかも夏は酷暑で、冬は寒くてとにかく節電しないと大変なことになっちゃうという事態になって。その時に「じゃあ、バンバン太陽光を進めて、新電力の人たちもそれで儲かればいいのに」って、つい簡単に思っちゃうけど、実情はずいぶん違うと。

梶山　そうなんです。

電力自由化とＦＩＴ

いとう　さてそこで、もうひとつ。今、新電力がなんで高い電気を買わざるを得なくなって苦しいのか、そこを知りたいんですけど。

梶山　そこの難しい話ですか（笑）。例えば再生可能エネルギーが卸電力市場の影響を受けちゃうみたいな話ですかね。

いとう　そうそう、そもそも〈ＦＩＴ《フィット》（フィード・イン・タリフ／固定価格買取制度）〉

のことを、これを読む人はそんなに知らないと思う。僕だっていい加減な知識です。だから、最初はどういうことのためにFITがあったのかというところから教えてください。

梶山　はい。今「再生可能エネルギー」というと太陽光、風力、水力、地熱、バイオマスなどが挙がりますよね。2012年にFIT、日本語で「固定価格買取制度」といわれる、再生可能エネルギーをつくれば、必ずその地域の送配電事業者が法律で決められた価格で買い取ってくれる制度ができました。これはまさに、再生可能エネルギーの発電所を増やしたい、プレイヤーも増やしたいということで、これ自体はとても成果が上がって、世の中の再生可能エネルギー発電はすごく増えたんです。

いとう　一気に。

梶山　この10年間でものすごく増えましたね。まだまだ一番メジャーな発電方式にはなれていないけど、実際にかなり増えました。一方で、これはすごい大成功だったのかというと、量は増えたんだけれども、バランスは少々欠けている部分があったと。そのひとつとして、太陽光発電は当初1kWh（キロワットアワー）、つまり1kW（キロワット）で1時間発電した量ですが、それが40円での買い取りだったのが、今は10円とか11円とか、それぐらいまで値段も下がってきて、つまりその分たくさん事業者も入ったし、発電単価も下がってきましたよと。

いとう　その理由は、技術的な何か？

梶山　そうですね。やっぱり一番大きいのはそこで、その過程であまり良くないことかもしれないですけど、太陽光パネルの分野では、日本の会社ってほとんどいなくなっちゃったんです。

いとう　あ、そうか。

梶山　太陽光パネルは、当初は京セラとかシャープ、東芝とか、いろいろな日本企業もつくってましたが、競争の中で中国企業に負けてしまいました。今日本国内で設置するものもほぼ中国製パネルというような状態で、やっぱり安く導入するという意味では成り立ってしまっています。ただ結果として、太陽光だけがひとつ圧倒的に増えてるんですけど、これではやっぱり問題があります。太陽光発電というものは、当然晴れた昼間にしか発電しません。だいたいお昼の12時頃をピークとしながら、朝6、7時ぐらいから夕方4、5時には発電しなくなるというかたちであり、一方で私たちの電気の使い方のカーブを見ると、必ずしもそんな使い方はしない。

いとう　そうですね。

梶山　一般家庭であれば、電気を使うのって朝ちょっとと一番使うのは夕方から。一方で業務用のビルであれば、朝9時ぐらいから会社がはじまって、夕方5、6時まで一定にたくさんの量を使います。

一方で、太陽光の発電カーブだと昼間は逆にすごく余ってしまう。そして、夕方以降は電気が全然足りなくなる。こういった時間のバランスを考えた時、いびつな再生可能エネルギー導入というものがある種の弊害を生んできているという面もあります。加えてさらに、ここから難しさのレベルが上がるんですけど（笑）。

いとう　覚悟します（笑）。

梶山　我々みたいな会社、つまり新電力が「再エネ電気を仕入れます」っていう時に、ここそ国の制度の問題なんですけど、もともとFIT制度でできた発電所の電気が、我々には直接は買えないんですね。

いとう　え、どういうこと？

梶山　送配電事業者が法律で決まってて、その人たちが独占的に買えるので、我々はその送配電事業者から買うんです。ある意味、転売してもらうようなかたちで仕入れるわけですが、その時の値段は「卸電力市場価格に連動させますよ」というルールになってるんですね。

いとう　それはＦＩＴの時に、もう決められていたことなんですね。

梶山　そこも２０１２年当時とは状況が違ってて、その頃はまだ卸電力市場が、そこまで取引量が多くなく、「東京電力や関西電力の発電単価並みの値段」にしましょうと、当初はそういうルールだったんです。

それが後になって変わって、電気といえば「やっぱり市場の単価を適用すべきじゃないか」という声があがったんです。今実際そういうルールになっていて、直近、２０２１年の秋ぐらいに何が起きているかというと、値段が高騰している。もちろんロシアによるウクライナ侵攻で、ロシア産ガスに頼っていたヨーロッパ諸国が、世界の他の地域からガスを買い占めたことも原因のひとつです。

でも理由はそれだけじゃなくて、その他諸々ある中で、世界全体として火力の燃料がものすごく高騰していると。当然日本の燃料は輸入ばかりで、天然ガスも石油も石炭にしてもほぼ１００％輸入しています。そもそもはこれが直撃して、卸電力市場の価格というのが、２０２１年の秋からずっと高い状態にあります。

市場は１ｋＷｈあたり、もちろん時間帯によるブレも大きいとはいえ、最大で２００円とか、平均でも30円から40円ぐらいになってしまっている。つまり我々みたいな会社が再生可能エネルギーを仕入れる価格が、1kWhで30円とか40円になっていると。

でもここでちょっとおかしいのが、もともと発電した人が送配電事業者に売ってる値段は、それこそ新しい太陽光だと13円とか14円とかなんです。風力も22円で送配電に売っている。なのに、これが我々に売られる時には30円とか40円と値段が上がってしまう。

いとう めっちゃ乗っけられていますね（笑）。

梶山 本来はそういうかたちじゃなくて、当時、再生可能エネルギーは正直ちょっと高いんだけども、例えば電力市場は6円でも再エネは風力だと22円だとしたら、「その差分は国が補填しますから、普及させましょう」っていうのがFIT制度の意義でした。でも今は逆の状態がずっと、1年以上続いちゃってるんです。これは再エネを仕入れている我々もそうだし、再エネを仕入れてない他の新電力さえその直撃を受けていて、30円、40円の値段で電気を買って、一方で需要家さんに売るのはそれよりも安い値段ということになってしまっている。それで、140社以上の新電力が潰れちゃっているんです。

いとう 140社以上……。

梶山 これは再エネだけでない、そもそもの電力自由化の制度設計の問題です。2000

年当初、電気事業に参入した会社って新日鉄とか、三菱商事とか住友商事とか、あとは今でいうＥＮＥＯＳとか、いわゆるすごく大きい会社が自分の工場に発電所を持っていると。そして、その発電機を自社でも使うけど、余力が出たらそれを使って、一般の企業とかに電気を販売しますというところから、日本の電力自由化はスタートしました。

そしてその後、それじゃあやっぱりすごく限定的な自由化なので、今度は一般国民も含めて「誰でも電気を売っていいですよ」と。別に自分で発電所を持ってない人でも、市場から契約ベースで調達した電気を売ることも認めましょう。そのために市場とかもちゃんとつくったし、制度も整えてきたわけで、自由化そのものは20年間の歳月をかけて、徐々に進んできたんです。

それが今、自前の発電所を持っている事業者じゃないとなかなか安定して事業ができないという状態になってしまい、ついには「発電所も持っていないのに電力小売事業やるのはおかしい」みたいな声も上がったりすると。でもそれって、これまでの20年間のプロセスを見てきた身からすると「何を言ってるんですか?」という話になる（笑）。だって「そういう人でもできるように」って言いながら制度を整えてきたんでしょう? という。そういうことで、今は自由化自体の問題になっています。

いとう　聞いていると、これは完全に構造の問題だとして、そこは、どうすれば変わるんですか。

梶山　（笑）。

いとう　どこが運動すればそこが変わるのかというか。

梶山　その問題が「電力自由化制度設計」自体となるとちょっとなかなか……解はいろいろあるんですが、ただ当然、それをどういうものにするにしても損得は出てきてしまうので、「全員が賛成する制度」というものはたぶんないんです。現在得ているそれぞれのポジションがあって、それによって意見は違うと思うので、僕がこう言っても「いやいやおかしい」っていう意見は必ず出てきます。

我々再生可能エネルギーの電力小売の立場から見ると、「やっぱり再生可能エネルギーの電気を使いたい」という消費者の声はたくさんあるんです。それは個人にしても法人にしても。そうするとそういう人たちが、正直必ずしも電気をただただ安く買いたいわけじゃないと。

いとう　多少高くてもいいから再生可能エネルギーを進めようと。

梶山　たださすがに、「他の人の買ってる電気の3倍の電気代を払え」だと、「それはさすがにちょっとできないです」ということになりますよね。だから致命的な負担をかぶることなく、納得できる値段で継続的に買えるような仕組みにしたいわけです。

その意味で、我々が以前から言っているのが、「ＦＩＴの仕入れ価格にしても、別に『安く仕入れたい』と言ってるわけじゃない」ということです。再生可能エネルギー由来の電気なのに、実際の発電コストの２倍で仕入れなきゃいけないっておかしいですよね、という話です。

なのでひとつには、ＦＩＴの値段は発電所ごとに違いますが、例えば風力ならば、22円がＦＩＴ価格だとすれば同じ22円、ともかくそれ以上の値段を払わずに仕入れさせてもらえないかという話はしています。それは別に、そんなに変なことは言ってるわけじゃないので。

いとう　ただがむしゃらに儲けようとしてる話ではない。

ＦＩＴからＦＩＰへ

梶山　あとは実際今、ＦＩＴというものはだんだんなくなってきて、新しいＦＩＰ《フィップ》という制度に置き換わりつつあります。

いとう　フィップ？

梶山　〈フィード・イン・プレミアム〉という、これも再生可能エネルギーに対する補助といえば補助なんですが、これは2022年からはじまった制度です。

どういうものかというと、決まった価格で送配電事業者が買い取るのではなくて、基本的には発電事業者が自分で、自分の電気を誰に売るか、売り先を見つけなきゃいけませんと。そしてその売り先は、小売事業者に相対契約、相対契約というのは1対1の個別交渉でサービス内容を決める契約ですが、それで売ってもいいし、あるいは自分で直接卸電力市場に売ってもいいですよというところが従来からの変更点です。

一方で「収入については保証しますよ」と。そのために改めてFIP価格というものができて、つまり「あらかじめ決めた価格は保証はします」というものです。これだと、FIPの発電設備から、我々は直接相対契約で買うことができます。その場合は、先ほど私がまさに申し上げたやつで、基本的にはFIP価格が14円のものなら最高でも我々は14円で買えます。そして逆に、市場がもしも6円とかになっちゃった時は、その差分の8円は国から補填しますよという制度なんです。

将来的には市場価格との差額補填もなくなって、再エネが自律拡大していくことが理想的でありますが、現在位置としてはそこへ向かう途上として、太陽光発電コストと市場価格との差の補填を行っている段階です。

今は一部の太陽光発電だけなんですけど、これがだんだん拡大していけば我々みたいな再エネ電力小売もやっていけるようになるでしょう。

いとう　新しいものがＦＩＰに乗り換わって、それ以前のものがＦＩＴのまま残っている。

梶山　そうです。一応制度上はＦＩＴ設備もＦＩＰに乗り換えることができる制度にはなってるんですが、ただ、発電事業者さん自体もすでにＦＩＴで20年間売れることになってるんだから、わざわざ変えようという人がそもそもあんまりいません。あとは、それなりに事務手続きがかかるので、そこが面倒くさいのがネックです。

いとう　なるほど、実際に電気をつくっている人たちにとってはそういう問題があると。そしてそれを買う、アップデーター側からすれば「こうして欲しい」ということがあるけれど、そこは変えてもらえない。

梶山　あとは発電事業者さんが「いいよ」と言ってくれても、彼らにお金を出してる銀行に全部説明しなきゃいけないから、そこがなかなか難しいとかですね。

いとう　なんてことだ！　せっかくできたのに。

梶山　そうそう（笑）。

いとう　これは、一応ちゃんと使えれば、救世主的な制度になるはずだったんですか。

梶山　そうです。我々はまだ諦めてはいません。ＦＩＰは国の方針としても広めていくことになってます。なぜかと言うと、発電しさえすれば自動的に売れてその後何も考えなくていいというＦＩＴがある意味優遇され過ぎたところはあって、ＦＩＰは「価格は保証するけど、ちゃんと自分で発電量を予測して、自分でちゃんと売り先を見つけて」という「市場のルールは守ってくださいね」というものなので。徐々に再生可能エネルギーが当たり前の電源になるためには、むしろその過程を経なきゃいけないと思うんですね。

いとう　言ってみたら、ＦＩＰは資本主義的に動いてるんですよね。ＦＩＴの場合はもっと国主導で動いてるというか。

梶山　そして売り手はその後何も考えなくていい、発電と需要のバランスを考えたら今は売るべきじゃなくても、それこそ電気が余ってる時でもすごく高く売られちゃう。電気って日にち、時間によって価値が違うので、それこそゴールデンウィークの昼間とか1円でも買いたくないみたいな電力の余剰があっても、ＦＩＴだと決まった値段、それこそ40円で売れちゃうので、市場原理が働かないんです。

いとう　なるほど。そうすると技術的にも進化しないですもんね。で、ＦＩＰというものは、前々から言われていたものなんですか？　それともここ最近で、バタバタッと決まったのか。

梶山　ＦＩＰの制度設計としては数年前から、「ＦＩＴが終わった後どうするか」という議論があって、もちろんまったく補助しない、非ＦＩＴという考え方も一応案としてはありました。でも、いったんその間にひとつプロセスを置くべきじゃないかと。

ですので、「価格は保証するけど市場ルールは守ってくださいね」というのを経て、それがいらなくなったら「価格も何も保証しませんよ」という方向へ将来的に移行するための、これは経過措置的な制度です。

いとう　一消費者としてＦＩＰの方が正しいと思うし、これからつくっていく社会のためには再生可能エネルギーがやっぱり最重要だと僕は考えるから、「そっちに進めたい」となった時に、我々が関与する方法はあるんですか。

梶山　とにかく結局、消費者から見た時に、選択肢がなくなっちゃうんですね。今、再生可能エネルギー系の小売会社も事業を休止してるところが増えてきちゃったので、一番の問題はやっぱり、消費者から見た時に選べない、選べないってことは自分の好きなところから買えないということなわけです。

そうするとみんな元に戻っちゃって、その「元」というのは「電気なんてどこから買ってるのか知らない」みたいな状態だったと思うんですが、そこには戻りたくないですよね。

いとう そう！ 戻りたくないんですよ。そもそも世界の趨勢《すうせい》から取り残されたくない。

梶山 ひとつ、消費者としてできることは、自宅に太陽光エネルギーのシステムを導入するということですね。蓄電池も入れると、夕方以降にそれが使えるっていう。

いとう 要するに東京都がやろうとしているようなことを、家でやっちゃったらという。

梶山 それでも100％オフグリッドハウス、つまり電力の網の目から外れるというのは難しいので、必ず買う部分は出るんですよ、絶対に。

いとう なるほど、複数の手法で自分たちのエネルギーを繋いでいこうということか。そこまで我々消費者も追いつめられてる。そもそも今度は冬にも大幅な節電が要請された。まず押さえておきたいのは、なぜ冬にも電気が不足するのか。季節として太陽光が減るってことはわかります。

冬の電力問題

梶山　そうです。2022年はじめの冬は特にヤバかったんですね。

いとう　それ！　根本原因は何？（笑）。

梶山　ひとつには火力発電所がどんどん減ってきていることがあります。この後はまた増設計画が少しありますが、ちょうど今が端境期にあるという状態なのは、別にこの冬に限った話ではありません。そこで「今年の冬だけの原因」というと、まず岸田総理が「原子力を立ち上げます」と言いましたと。でもそれは全部、西日本なんですね。しかも特に岸田さんが言ったから原子力が立ち上がるわけじゃなくて、もともと今年の4月の段階から立ち上がる予定になってたやつを「立ち上げます」と言われても、「いやもう予定してるから」という話なんです。

焦点はやっぱり東日本で、圧倒的に足りない状態にありますと。「夏と冬とで何が違うんだ」というと、冬の方がやっぱり夕方からの電力使用量の膨らみが、より大きいんです。

いとう　また東西の違いの問題が出た。

梶山　昔は家庭の暖房っていうと灯油ストーブが多かったのが、どんどんエアコンの性能が上がってきたということもあって、ものすごく電気暖房の比率が増えてるので、冬の需要は夏の需要以上に増えてるんです。

いとう　ライフスタイルが変わってるんだ。

梶山　ええ。昔は、1年の中で電気が一番使われるのって真夏の昼間だったんです。でも今は、明らかに真冬の夜、だいたい7時、8時台が1年の中で最も使われるようになったんですね。東日本震災前ぐらいまでは、冬の夕方以降に電気がより使われるのは北海道だけだったんです。北海道以外はすべて夏の昼間が、いつも「ここをどうするんだ」って特にすごい議論してたんですけど、それがもう完全にライフスタイルが変わってしまった。

　そしてご存知のとおり、この時間帯に太陽光は必ずゼロなわけです。一方で火力発電所は、だいぶ稼働時間が減ってきたと。昼間に太陽光がたくさんあって火力が動かない時間帯が出てきたので、年間通じて稼働時間が下がってコスト効率が悪くなったんで、それで発電所を閉める。

　当然いつまでも使えるわけじゃないので、使い続けようと思ったらちょこまか修繕にお金をかけながらやっていかなきゃいけないんですが、脱炭素の流れもあって、なかなか「そこに金をかけてられないよね」と。火力発電所は、全体数が減ってきている流れもあり、かつ原子力は存在するけど動いてない。このバランスの問題が顕著に現れるのが、その年の冬だったわけです。

いとう　ひとつ言っておかなきゃと思うのは「脱炭素の社会を目指す」、それ自体はこんな異常気象を見たら誰もがそう思ってしかるべきなんだけど、その時に「一気に火力を減らそうとする」ことが理想論過ぎて、ある程度火力に頼りながら、本当ならうまくそれを使っていきながら、理想的なところにたどり着かなきゃいけなかった。

梶山　おっしゃる通りです。しかも全体の未来図がないまま、ずるずるそうなってしまった。これは日本人特有なのか、物事の決め方で何事においてもそんな感じがあるんです。つまり「バシッ」と決めない。なんとなく雰囲気、ムードの中でつくっていくみたいなところがあります。

だから例えば「原子力発電所を再び動かす」と政府は言っていますから、発電事業者はなかなか新しく別の大きな発電所をつくりにくい。「つくったって動かせないかもしれない」と思いますから。

いとう　なるほど。

梶山　だから本当は、すごく効率のいいガス火力発電所みたいなものをつくれば、原子力が動いていなくても代わりにそれが動いていることで、全体のバランスは大丈夫になる。でも、大型投資がすごくしづらい状況にあるという、これもまたひとつの問題かなと思っています。

いとう　ここ数年はこうして繋いでいって、何年後に原子力をどのくらい確実にやめて、さらにこうして繋いでいきます、みたいな長期計画がひとつも出てこない。むしろ一気に再稼働だとなっているけど、核のゴミの処理方法はいまだにないんですからね。

梶山　そうなんです。ドイツのような議論と計画の決定がない（笑）。

いとう　そんな状況で、「これは大丈夫なのか」ということなんですよね。

梶山　あとは再生可能エネルギーに限った文脈で見ても、再生可能エネルギーには発電の電源の種別によって得意、不得意がものすごくあるので、太陽光ばかり増やしたところで、正直冬の手当てには一切貢献しないんです。

いとう　夜は1％も出ないから。

梶山　ええ（笑）。

いとう　だからこそ、「どれだけ蓄電をするか」という技術は、家庭でも発電所でもすごく大事。

梶山　それから、冬の夕方という電気の足りない時間帯でも、幸いにして風力はまさにその冬の夜にたくさん発電するんです。日本で安定した風って冬の北西の季節風なんですね。

いとう　ああ、なるほど。

梶山　だから12月、1月、2月の日本海側の風力発電所はずっと回ってるんです。夜だけじゃなくて昼間も回ってますけど、特に夜を中心に回る。それこそ設備利用率が50%、60%っていくんですね。

いとう　そうであれば、そこのところを厚めに、とか。

梶山　「そういう電気を安定的に入るようにしましょう」ということで、じゃあ「もっと日本海の風力が伸びるような政策を入れなきゃだな」という風に、時間のバランスも考えた上で制度設計しなきゃいけないと思います。

いとう　そう、そういう自然の流れはそんなに変わらないですもんね。いきなり北西の風が吹かなくなるっていうことはなさそうですよね。

梶山　でも、そこもちょっとわからないみたいです。

いとう　え、この気候変動でですか？

梶山　去年のヨーロッパは、風車があまり回らなかったという話があって。

いとう　マジですか。
梶山　それもガス価格高騰の一因だ、ともいわれています。やっぱり気候変動自体が、そういう局地的な風にも影響を及ぼしちゃっていて、それはそれで大問題なんです。
いとう　うーん、悪循環。温度差がなくなって、吹く場所が変わってしまう。
梶山　そこへいくと太陽光には、なかなかそういうことがないんで、その利点はすごくあります。太陽光って、もちろん北陸はちょっと冬は曇りがちとかそういうことはありつつ、基本的には日本国内どこでもできる。空き地さえあれば導入しやすいということが、太陽光は一番いいんです。そして、全体的な問題を解決するひとつが、蓄電かなと思っていまして。
いとう　僕もそう思います。でも日本の蓄電はどうなんですか。技術的に、やっぱり全然、ドイツとか中国とかには勝てない？
梶山　やっぱり価格的には今、中国ですね。
いとう　そうなんだ、勢いがすごいですね。中国は、実は再エネ大国なんですよね。
梶山　中国は明確に再生可能エネルギーを牛耳れば世界を牛耳れるという、もう国家戦略でやってるところがあって、一番伸びています。とにかく世界的にどこでも需要が伸びてる、つくれば必ず売れるという話なので、シェアさえ握っちゃえば自分たちがグローバルスタンダードになれるというのはあって。

いとう そうですね、つくらない理由はない。お日様はずっとあるわけだから、ウランが掘れなくてもいいんだもん。それは、すごくデカいことですよね。

そこを技術力で日本もね、なんとか頑張ってくれるといいんだけど、明るい道はないんですか（笑）。本当に日本がどん詰まりになっちゃうじゃないですか。原子力がまるで特効薬みたいにまたぞろ言われ出してるけど、そもそも超割高ですよ。その上、軍事的にも狙われたら危険だとウクライナのことでよくわかったわけじゃないですか。このエネルギー事情をはっきりとちゃんと変えるっていうことが、今後の何十年、何百年かの日本のことを考えることになるんでしょう、どう考えても。

梶山 そうですね。

いとう だとしたら、今、どう消費者側は支えればいいんですか、しつこく聞きますけど（笑）。

梶山 アップデーターの場合はすでにお客さんに対して言ってますけど、けっこう何でもさらけ出す会社なので「正直ウチやばいですよ」と。「でも、だからこそぜひ、こういうことはやりたいので支えてください」というお願いはしていて。

いとう それはメールで来ました。僕も契約者のひとりですから読みました。

梶山 ですので、消費者の方々にも「電気代は安ければいい」と思っている人はいまだに多いので、「そこを自分ごととして考えて、ぜひサポートして欲しい」ということかもしれません。でも国に対して働きかけてもなかなかしんどいんです（笑）。

いとう 動かしにくい。というか、動く気がない。

梶山 どうしても、はい、大企業重視なんで。

いとう だからこそ「これからいろいろ民間で動いている人たちに会って話を聞こう」ということなんだけど。

梶山 全部が悪い方向にいってるわけでもないんですが、今「じゃあ、新電力だけが困っていて、他の旧電力とかは全然困っていないのか」というとそんなこともなく、東電とか中部電力は今もう分社化していますが、彼らの東京電力エナジーパートナーとか中部電力ミライズという小売事業部門も、かなり苦しんでるんですね。

いとう そうなんだ。

梶山 ある意味彼らは社内といえば社内なんですが、大きいホールディングスの中で、今は発電とか燃料の部門がすごく儲かっていて、小売事業部門はすごい赤字という状態です。合わせて社内のパワーバランスとしても、小売部門をやっていた人たちの発言力は少なくなってきて、上流部門の意見が強くなってきている。

なので、ある意味で彼らの社内も一枚岩ではなくなっている部分があって、その原因として、今小売はみんな弱いという状態であると。だからこそ、変わりうる制度を変えようという、それこそ小売が本当に全部ダメな状態は続かないので、「ここは制度変えなきゃいけないね」という議論が生まれる素地は、できてきたという気はします。

いとう　それまでの何年かを、我々がどうにかするしかないということですね、うわー（笑）。

梶山　各事業者はもちろんできることをするんですけど、国、電力業界、経済産業省が今またいっぱいいっぱいいで、全然余裕がない。それは私たち事業者から見ても、目の前の仕事に日々追われてるみたいな感じになってしまっているので、そこが心配です。

いとう　そうなんだ。

梶山　やっぱり要は、きっちりした「電力業界をこうしたいんだ！」というのが、ないんですよね。

いとう　その問題か。

梶山　目の前に問題が起きたらようやくそれに対処するっていうやり方に国がなっちゃっていて。制度設計する時も、当然新しい制度をつくる上で必ず反対意見は出てきますが、反対意見があっても、「これはこうすべきじゃないからやりません」と言えなければならないのに、いろんな意見を言われると、折衷案に落ちついてしまう。

いとう　責任をとれない社会……。

梶山　「これ、そもそもなんのためにつくるんでしたっけ?」みたいなところが抜けちゃうんですよね。結局ものすごく中途半端でわかりにくい制度ができあがる。

いとう　そういう時に環境省はどうなんですか。

梶山　環境省は、残念ながら電力という領域では発言力が弱いですね。

いとう　そこなんですよ。ということは、やっぱり我々が変えるしか明日がない。あちこちに優秀な面白い人たちがいるのに、新しい世界を構築できずにいるっていうのはもったいない。というか、自分たちにとってもすごく困ったことなんで。

梶山　そうなんです。でもまず目の前、冬の電気使用量自体の増加に急ぎ対応しないといけない。ここ10年で考えると、震災直後はやっぱり減っていたんですね。震災前は今より多かったぐらいで、ただ冬の需要でいうと、震災前より今の方がやっぱり多い。
ここは正直、それぞれ何が使用量の増加に寄与してるのかというのは、誰もあまり分析していない気がしますけど。

いとう　全体的に増えてきちゃった。

梶山　電化されてきて、それこそサーバーとかが増えてるベース需要もあると思うんですが、これだけコンピューターが発達すると、電力需要もその分増えます。
とはいえ原因はひとつだけじゃない。それこそ核家族化で建物数が増えているのもあるかもしれないですし、人口は増えてないのに、これだけ家があってバラバラに住むようになったら当然使用量は増えます。

いとう　それ、国の構造から大急ぎで変えなければ私たちはエネルギー枯れで衰退してしまうってことじゃないですか。

梶山　ええ、新電力がどんどん潰れていってるのはまず大きな問題です。電力会社は一度潰れると、早々には再度参入できないので。

いとう　まさに。

梶山　多額の負債を抱えて、みんな潰れていきます。

これでは消費者の選択肢がなくなった状態、そして「電力自由化自体が失敗でした」という風に結論づけられてしまう。

いとう　はあ……。

そんな絶望的な状況の中で、僕はこれから未来に向かっての実践を諦めずに続けてる皆さんの話を、地を這うように移動して聞いていきたいと思います（笑）。

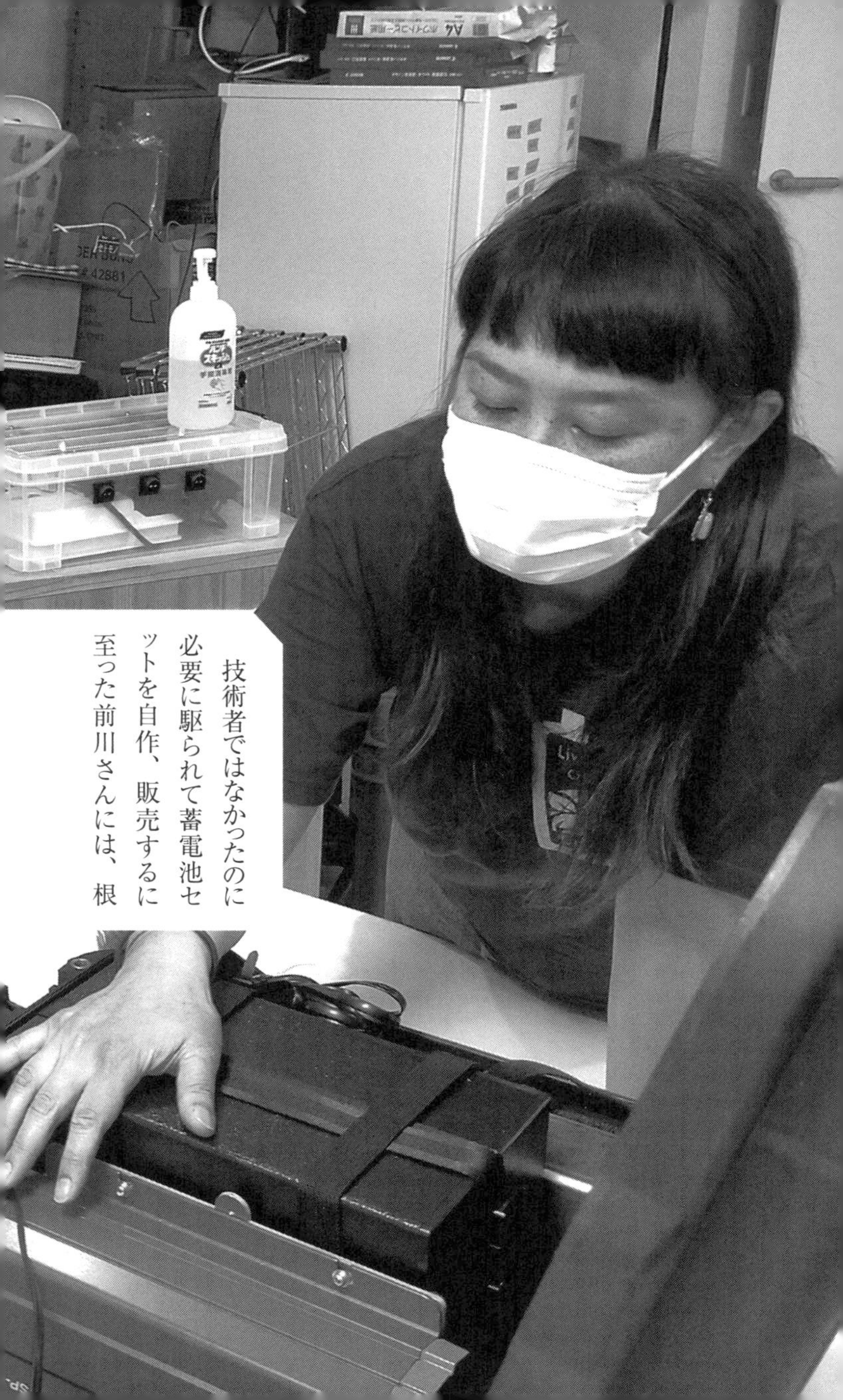

技術者ではなかったのに必要に駆られて蓄電池セットを自作、販売するに至った前川さんには、根

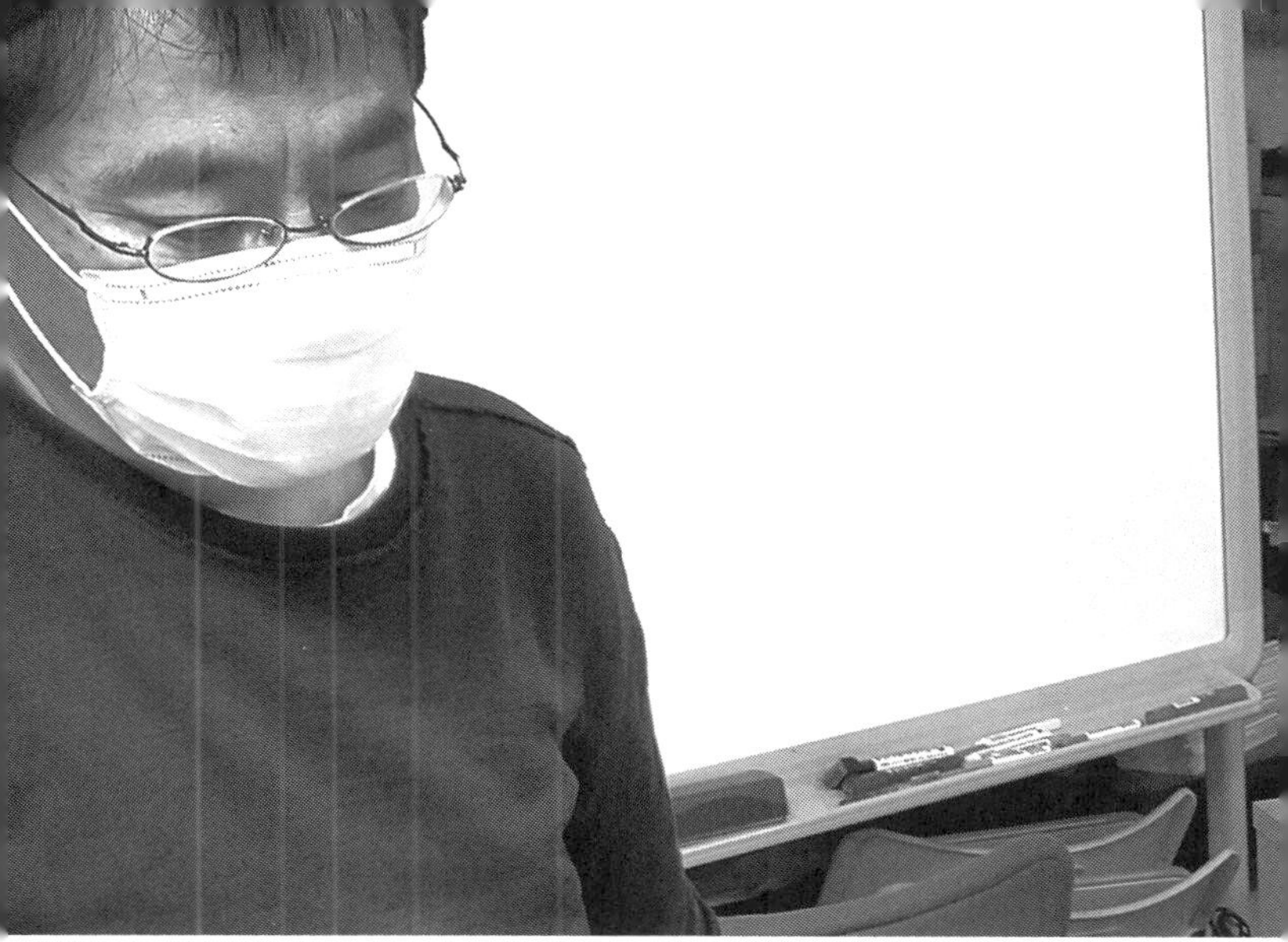

本的に「電気網から外れて生活する可能性」、すなわちオフグリッドの自由さを聞きます。

　となると、電気のＤＩＹといいますか、これからの時代には自分の電気は自分でつくるべきなんだと、納得のお話になります。売電より蓄電、とか二十一世紀の生活が見えてくる。

　そもそも私たちが今使ってる電線って、永遠に壊れないインフラなの？

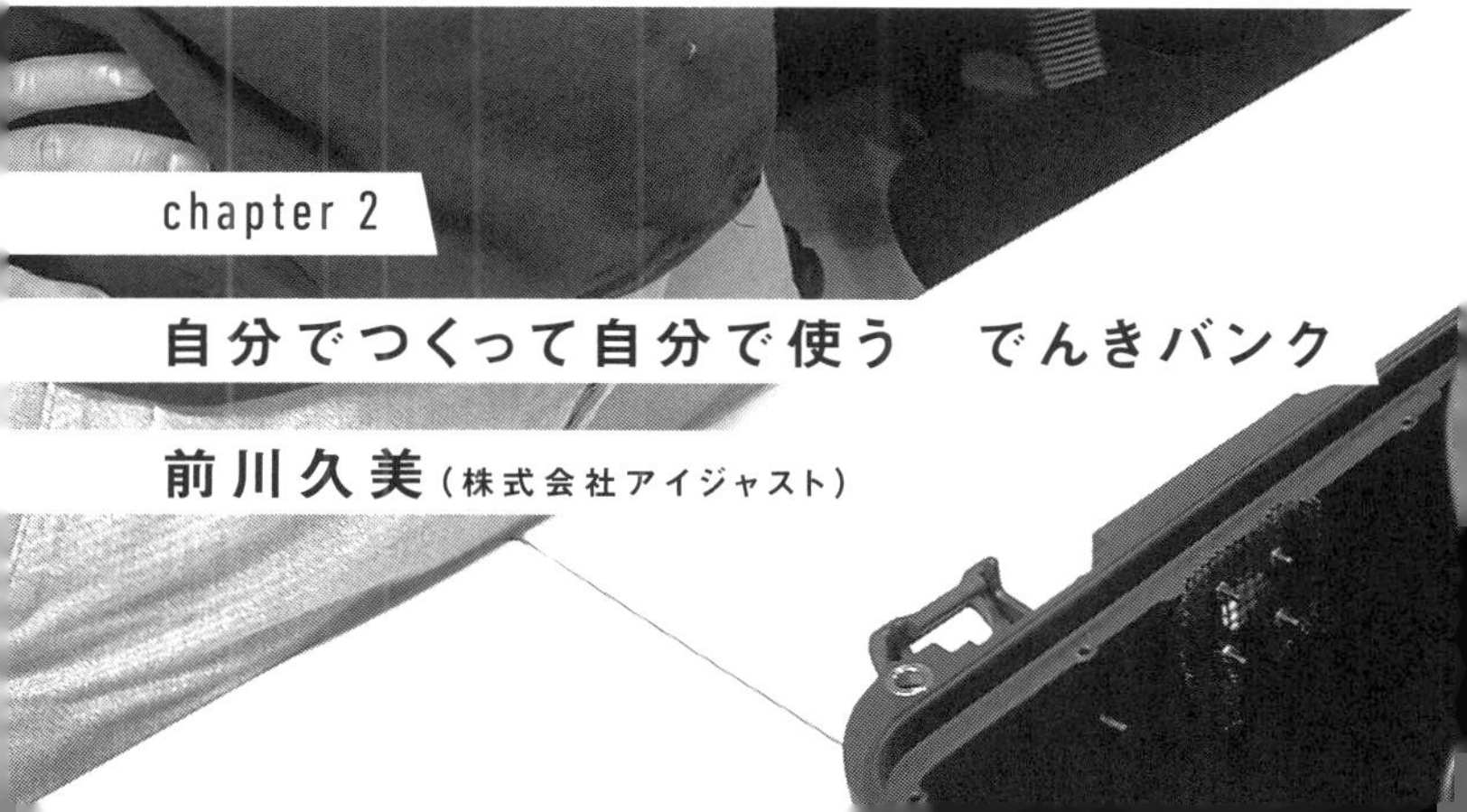

chapter 2

自分でつくって自分で使う　でんきバンク

前川久美（株式会社アイジャスト）

自作の蓄電池を

いとう　そもそも、前川さんが蓄電池を自作するに至る経緯なんですが。
前川　私のいるこの会社、アイジャストの辻社長からは、「太陽光とかに詳しい人いないか」という話があったようで、たまたまそれを聞いた私が「書類を見てみたらわかるかも」ということで社長と会うことになって、そこで分厚い英語の取説と工事説明書をドーンと渡され（笑）。で「どうかな？　できるかな」って言われて、「アメリカでやってるんだったら、日本でもできんじゃないですか？」と軽く答えたところからはじまってます（笑）。
いとう　その時、前川さんはそういう分野の経験はあったんですか？
前川　私、もともとは太陽光パネルの施工会社にいたんですね。
いとう　あ、そういうことなんですね。現場は見てきていた。
前川　ええ。このアイジャストという会社はシアトルにもベースがあって、現地にボーイング社があるので、そこからの派生でいっぱい、オフグリッド機器関連の子会社があるんです。家庭用のものから工場用だったり、それらをカスタムした製品も普通に売っていて。でもそれらを持ち込んでも、日本の工事屋さんは「わからない」って。そもそもアメリカはインフラがないところがいっぱいありますから、そういうところに住もうと思ったら自分でやらないとならない。

いとう　むしろ、そうじゃないとやっていけない、と。むしろ電線が「繋がってない」ことが前提なんですね。

前川　逆にいうと、日本は全部繋がっちゃってて、もうニーズがなくなっちゃった。昔はあったんですよ、離島とか。それでもう商売にならないからやる人も少なくなって、やれないんじゃなくて、やらなくなった。

いとう　この会社は、その可能性の部分をやってるってことですね。

前川　日本は高度成長期、お金がいっぱいあったじゃないですか。どんどんインフラに投資をしたわけです。それともうひとつ、ご存知だと思うんですけど、日本の電気ってものすごく正確ですよね。それはなぜかというと、普通は工場なんかは精密な電気に変えて使うんですよ。

いとう　あ、梶山さんにそのあたりは少し聞いてきました。

前川　それは助かります。で、一般家庭ではブレたって全然何も不都合がないので安い電気で大丈夫ですが、日本はその点後発組なので、最高の技術で全部やっちゃおうとした。

それで、ものすごくスペックが高いものですから、逆に海外のものを持ってくると、電気会社さんが嫌がるという。

いとう　雑だと困ると。

前川　「こんな不正確なものを入れられても困る」って、そういう日本は、世界的に見てけっこう独特ですよね。

いとう　むしろ繊細だからそうなっちゃったっていうか。

前川　だから、電気代が高いのもひとつはその理由があるんです。だってみんなで、不必要に素晴らしい電気をつくっちゃってるから。

いとう　僕ら気づかず、そういうのを普通に使っちゃってる（笑）。そもそもそんな話、今まで聞いたことないです。いかに電気のことを自分は知らなかったか……。その上で、梶山さんのところでは、ものすごく暗い「新電力がみんなもうダメになっちゃってる」、でも「どうしたらいいんだろう」、「先が見えない」っていう話をして、今日はこちらに来たんです。

前川　それはね、ずばり「売電」をやめればいいんだと思うんです。売電って、開発途上国がやるものだから。だって「買い上げ保証します」ということをやっちゃったから、みんなお金儲けに走って技術の改善、改良、開発をやってこなかった。だから日本はレベルが低いままでずっときちゃってるんです。

いとう　電気の質がいいって話だったのにですか？

前川　これまで使ってきた電気そのものはいいんですけど、例えば太陽光や風力の電力をどう使っていくかという事に関して、今までほとんど既存の電力会社に送電するだけで、遠くても電柱立てて送電するみたいな昔ながらのやり方です。

もう海外ではコミュニティの中で電気分け合ったりしてるところがあるんですよ。結局売電ベースできちゃってるのでそういう発想の転換はしにくいですから、クリーンエネルギーに対しての意識レベルはものすごく低い。それでお金、お金、お金で進んできてしまったし、我々が言ってるオフグリッドに対して全然興味を持ってこなかった。

いとう　「自分でつくる」という意識が遅れてる？

前川　そうです。買う発想しかない。逆に自分でこのぐらいの電気が必要であれば、これぐらいつくって、それに見合ったキャパを各家庭が持てばいいじゃないですか。でも、売電システムだとどこでいくらつくってもきっちり買い上げしてくれる。つまり、デマンドに応じなくていいんですよ。開発途上国はそれやるんです。もともと何もないからとにかくつくることに専念する。でも日本は開発途上国でもないのにそれをやっちゃった。

いとう　じゃあやっぱり、構造の設計がダメだったってことですかね。数百年単位の未来像がないというか。

前川　売電してお金が入ってくるって売り文句よりも、自分で発電してクリーンエネルギーを使うっていうマインドを一番に掲げてれば全然違ったと思いますね。例えば風力は、日本でせっかくやりはじめた技術なのに全部捨てちゃって、今は海外から買ってきてやってもらってる。それをやればやるほど、自分でやらないからどんどん遅れをとっちゃってる。もう世界はそんなレベルじゃなくて、太平洋のど真ん中に風力発電所がプカプカ浮いてるんですよ。

いとう　そうか。日本にも、一時はすごく技術があったんですよね。

前川　今でも日本には技術があるんですけど、ビジネスとしてそっちに向かない。そうしてどんどん実経験がなくなっていく。

いとう　なるほど。

前川　だからできないんじゃないんです。やってない。それでいつも私たちがこちら側の提案をすると、日本の熟練の技師、電気の技師さんとぶつかっちゃう。みんな知識は持ってるんだけども観点が違うから、いくら説明しても噛み合わない。

いとう　どういった観点が違うんですか。

前川　要するに発電の仕組みなんです。さっき言ったようにキャパを多く持ってて使わないでいて、たまに需要が一気に大きくなる。

いとう　そのために備えてないといけないという話も教わったところです。

前川　そしていざ電気ができると、それをフルに、すべてをびっちびちに使おうとする。本来電気ってそういうものではないので、いくら話をしても「やっぱり、そこ、もったいないですよね」と。

いとう　なんとか使おうとするってこと？　「電気ってそういうものではない」というのはどういうことですか？

前川　例えばタンクにお湯が貯まっててちょっとずつ使えば沸かす方もゆとりを持って沸かせるので機械の負担がそんなにないじゃないですか。でもそのタンクのお湯をじゃんじゃん使えば湯沸かしもフルスペックで稼働し続けてすぐに壊れますよね。

いとう　ああ、そういうことか。

前川　使わずに「とっておかないといけなくて」というのを説明しても、例えば運用しはじめても余ってるから「この部分はどうしても使いたい」と言って、勝手に負荷をどんどん増やしていって、その後「インバーターが壊れました」とかって連絡がくるんです（笑）。「なんでそうなったんですか？」と聞くと、やっぱり「余ってたから使った」って。でもそれは、ただ余ってるわけではないんですよね。余裕を持っておいていいんです。機械自体もフルスペックでずっと使い続けると、どうしても劣化や消耗が早くなります。最初からそういう説明はしているんですけど、やっぱり運用しているうちに欲が出るようで。

いとう　日本的な考えですよね。「もったいない」っていう。

前川　とにかく常に、目一杯つくりたいわけです。この考えが、キャパの設計だとかの時に、全然噛み合わない。

いとう　それはもう、「電気の捉え方が変わらないってダメ」ってことですね。ゆえに前川さんがおっしゃってることは、だったら「自分でつくって貯めて、使えばいいじゃないか」という発想ですよね。

前川　そうです。

いとう　もしこれがちゃんと政策として進んでいれば、こんなに節約、逼迫、どうこうってこともなかったと。

前川　ないですね。オフグリッドをひとりでやってても小さい力ですけど、それが何千軒、何万軒となった時に、原発1基動かすよりも絶対に「自分たちでやってる」という感覚になれます。そしてそれがちゃんと、「エネルギーってどういうものだろう」という風に、考えるきっかけにもなると思うんです。

だからこそ、そうやって「根本的にひとりひとりが考えて動く」っていうことが大事かなと思ってて。全国には自家発電機の取り付けをＤＩＹでやってる方も、たくさんいらっしゃるんです。でも、いちから情報を自分で探して「パネルはどれぐらいあったらいいか」、「電池はどれぐらいあったらいいか」、「家の需要がどれぐらいなのか」というのを自分で計算してやるという、すごく大変なことです。

私はその中で「じゃあ、どうやったら簡単に再生可能エネルギーが使えるかな」ということを考えています。まず、この事務所を立ち上げた時に、それこそ余ってるパネルを安く譲り受けたんです。ある大学の准教授の方が、その大学をお辞めになるということで、サークルかゼミかでお使いになってたものなんですが、パネルと、さらにはインバータも全部ありました。ですので、その小さい規模から組み立てて「どうやったら簡単にできるかな」というのを考えはじめたんです。

いとう　あのー、前川さんはもともと理科系の人だったんですか。
前川　全然違います、家政科卒です。アハハハ！
いとう　えー（笑）。料理とかですか？
前川　そうですね、実際もともとは20年ほど飲食店にいました。でも子どもが生まれるタイミングで、飲食って結局夜が忙しいので辞めて、その後いろいろな知り合いの会社とかで日中動けるような仕事で働かせてもらいました。
さらにしばらくして、子どもがいても融通が効くし、こう体力的に、例えば太陽光パネルをトラックから降ろして倉庫に入れてとか、エコキュート降ろしてとかならやれるかなと。ちょうど太陽光がすごい流行ってた時期でした。そこで「人を募集してるよ」って言われて、紹介で入ったんです。
日中、工事の子たちが現場の工事に行ってる間、私は荷降ろしでトラックから毎日事務所の倉庫にパネルを入れるんです。最初は「これがパネルかあ」とか、「発電した電気をエコキュートで使って……これがオール電化、ふーん」みたいな感じでした。でも、だんだんその会社にいる期間が長くなって、「東京電力に太陽光を接続するための申請書類をつくってよ」ということで、そうすると、電気図面とかいろいろ出すことになります。すると、工事に行ってる子たちが書いてくる図面って、正確にやってくれる子と、そうじゃない子もいて。

いとう　アバウトなんですね。

前川　間違っていると、東電から書類が戻ってきちゃうんです。それで「なんで間違えるんだ?」っていうところから、じゃあその分私がやらなきゃって。

いとう　え、前川さんがやるようになっちゃったの?

前川　そうなんです。

いとう　アハハハ（笑）

前川　自分でやらないと二度手間、三度手間になっちゃうから。

いとう　すごいね。

前川　「分電盤の写真ちょうだい、あとは私が図面描くから」って（笑）。

いとう　うわあ。

前川　その時に「あ、こういう仕組みなんだな」っていう、例えば売電の仕組みはこうなんだってことがわかったんです。それで、3・11の時にやっぱり停電になった地域があって、ウチは工事店なんで「発電していれば、その電気を使えるって聞いたんですけど、どうやって使ったらいいんですか」という問い合わせがすごく多くきました。

その時にまず、結局のところ自分で発電はしてるけど、「この人たちやっぱり使ったことがないんだ」と思ったのと、結局むしろ「発電してる時しか使えない」っていう、そのことが明確にわかったんです。まだ当時は、蓄電池というものがほぼありませんでしたから。「そうか、そういうことか」って思っていたところに、オフグリッドの話を辻社長から聞いて「え、蓄電池に貯める。なるほど！」って。それにそもそも、家庭でつくって売電するシステムって商用電気がないと動かないいんですね。

いとう　商用電気？

前川　つまり「普通の電気会社の電気」がないと、電気を変換するパワコン自体が動かない。

いとう　そうなんだ。自分でつくった電気じゃダメなんですか。

前川　結局、パワコンを動かすのに商用電気が必要で、それではじめて送電するっていうシステムになっているわけです。

いとう　そうなんだ。

前川　ちなみに停電の時はブレーカーを落とすことで、パネルから入ってきている電気をパワコンの横にあるソケットから使うことができるものもあります。なのに、いつもは自分で使えない（笑）。要するに、ブレーカーを落とした時だけ動くんです。

いとう　切れた時だけ。

前川　そして、やっぱりその仕組みって、たぶん一般の人じゃわからない。

いとう　全然わからないです。

前川　わからないし理解できないっていうところで、「なんでこんな複雑なものが家に付いてるんだろう？」と思うし、結局「日中使ってます」って言ってるけど、実際電気は目に見えないから「本当に使ってるの？」ということもある。そのあたり、わけがわからなくなってきた時に、ちょうどオフグリッドの仕組みを知って。そうか、自分でつくるんだったら別に商用電力いらない、電力会社の電気もいらなくて、蓄電池に貯まった電気だけで機械も全部動いて使える、という、そういう「わかりやすいシステムを、ひとりずつが持てたらいい」と思ったんです。

でも今度は、パネルを付けてるお家って一軒家ばかりなので、私自身も集合住宅に住んでるし、集合住宅でどうやったら発電できるかなって。

いとう　そう、それはすごく思います。

集合住宅でも使える太陽光パネル

前川　パネルって小さいものもあれば、その頃けっこう展示会なんかで見ていると、フレックスでペラペラのものが出てきた時期で、「こんなのあるんだ」と思って。「これなら普通に、それこそベランダに置けるんじゃないか」と。それは中国のメーカーさんだったので、「このぐらいのサイズで、この電圧で」みたいなことを言って、サンプルを頼んだんです。そうしたら「こういうのどうですか」、「ああいうのありますよ」ということで、いろいろ送ってくれました。

それらが届いて、実際にやってみて「いいじゃん」、「これなら普通に集合住宅でも使える」とか、そこがパネルでの試行錯誤でした。その次は「どういう蓄電池にするか」、もともと最初は鉛の電池を使ってやってみたんですが、鉛だと排気が出るんですよ。

いとう　そうなんだ。

前川　ガスが出ちゃうから、これじゃあ無理だっていうことで。とにかく、私は疑問を抱くと知りたくなってしまうので、パネルにしても一度「なんでこれがこんなに重いのか」って気になって仕方なくなったことがあって（笑）。

いとう　え、それで？

前川　分解しました（笑）。一応周囲から外していったんです。でも結果、一番上の強化ガラスが割れて（笑）。パネルのフレームもそこそこ重いんですけど、やっぱりガラスの部分が一番重くて「これか……」みたいな。それはそれで中のものの保護という意味はあるんですが。

いとう　でも、確かにそれもペラペラになってきましたよね。

前川　そうなんです。シリコンになってきて。

いとう　薄いし軽いし曲がるし。

前川　そこは技術がすごく進化している。確かに廃棄の問題に関してはまだ解けてない部分は多くて、でもそこは廃棄業者さんがすごく努力をしてます。日本でも今増えてきていて、そういう意味ではよかったなあと。重い太陽光のパネルを屋根に付けるだけっていうのは、もう古いと思うんです。これだけ進化してきてるから。ついこの間も、小池都知事が東京都の新築の屋根全部に付けるっていうニュースが流れてて、コメンテーターが真っ向から「そんなのできるわけない！　都全域でなんて！」って言ってるんですよ。「バカだなあ」と思って（笑）。

いとう　アハハハハ、「やってみたこともないくせに」って。

前川　そう。そうやって最初から「できない」と言っちゃう。「これ、すごい今の日本だな」というか、そもそも考えなくなっちゃってる。解決策をゼロから導き出せない人が多過ぎて、私は本当に、小池さんの話を聞いて「やれやれー！」と思いました。今は壁に貼れるパネルだっていっぱい出てるし、景観が悪いっていうなら、上の方に貼るとか、やり方はたくさんあって。

いとう　「色変えなさいよ」とか。

前川　考えればいくらでも解決策があるのに、最初から「できない」で終わっちゃうって、逆にすごい（笑）。

いとう　昔の技術のことしか頭にないわけですよね。

前川　そうですね。

いとう　めちゃめちゃ進化中で、世界がしのぎを削ってるのに。

前川　そもそも「脱炭素しなきゃいけない」っていうのが、根本からわかってないんですよね。わかっていれば自分自身が再生可能エネルギーを使おうと思うし、だったら「あれこれ自分でやってみよう」となるわけで、たぶん考えることは、どんな人でもできると思うんです。

私はたまたま資材のある、つまり「できる環境にいた」ということはあるんですけど、でもＤＩＹでやってる人たちは全国にいます。そういう人たちがお互いに「これ、こうなんですけど」、「ここ困ってるんですけど」という話をしたり、ＳＮＳ上でもやりあったりしてるのに、「大手の、今まで太陽光をやってた企業は何をしてるんだ?」って（笑）。だって結局蓄電池だって、日本でつくれる技術なんですよ。

いとう　そうなんですね。

前川　電池ってリチウムとか鉛とかもありますけど、鉛電池にしたって日本でずっとつくられています。だけど結局それも、家庭用に改良しようという気がない。ガスが出るのをどう廃棄するかとか、改良して家庭用の使いやすいものにするとか、そういったことが全然進んでない。

いとう　それはなんでなんですかね?　だって、ビジネスチャンスなわけじゃないですか。

前川　結局、数年後には中国から安いリチウムが入ってきちゃって、結局そこで競争にならなくなった。そもそも気づきがないから遅れるし、技術もどんどん遅れていく。それで「他の国のものを使うしかない」という状況になってきてて、せっかく日本ってすごい工業が良かった時代もあって、いろんなものができてきて、それこそ車もそのひとつ。それがなんで、終わっちゃったのかなっていう。

いとう　ほんとですね。

前川　あと思うのは、大手がだらしないなって。

いとう　だらしない（笑）

前川　だって、大手なんだから開発にどんどんお金をかければいいのに。「その分税金安いんでしょ、あんたたちは！」って思うんですよ（笑）。失敗してもいいからどんどんやって「こういう技術ができたから、下の人たちも使っていいよ」ぐらいの感じでいけないのかなって。日本を代表する会社たちが、もっと先進的なことに努力しないといけないんじゃないかってすごく思っていて。

いとう　だからどん詰まりになっちゃってるわけですよね。

前川　例えばここにある蓄電池のシステム、〈でんきバンク〉自体は大手じゃないのでカスタム生産で、それなりにお金もかかるので。

いとう　前川さんがご自身で組んだやつですよね。

前川　そうです。

いとう　全部？
前川　はい（笑）。
いとう　イチから？
前川　はい（笑）。
いとう　僕は実はこの3台を、墨田区でやった音楽イベントで使わせてもらって、あのイベントは何時間ありましたっけ。
前川　朝からずっと、リハから使ってて。
いとう　朝から夜まで、もちろんラッパーはラップをして、ＤＪたちもバンドも入ってるし、モニターだなんだ、照明の人たちまでもちろんいるしっていう電気を、これら３つで賄ってましたよね。
いとう　そこに太陽光から電気を貯めるパネルが、えっと、いくつでしたっけ。
前川　あの時は30枚ぐらい持っていきましたね。１枚60Wなので、１・８ｋＷ。

2021年のイベント『隅田川怒涛』で使用したソーラーパネルと蓄電池

いとう　しかも、あの日はそこまでは照っていなかったですよね。わりと曇ってて「これで大丈夫なのかな」って思ったけど、その何十枚かで次々蓄電して、その日1日のイベントが全部賄われてしまった。その間、前川さんがたまに太陽の向いてる方にちょっとパネルを、ひとりで全部動かしてるっていう。その向こうでこちらはライブやって（笑）。

前川　ええ（笑）。

いとう　あれはちょっと、衝撃的なものがあったんですよね。あそこまで目の前で、1日ずっとライブを賄えるっていうのは。そのぐらい、発電と蓄電ができるっていうことですよね。

前川　そうですね、はい。

いとう　それなのに、みんながやろうとしない。一番大事なのは蓄電だってあちこちで言ってるのに、大手は結局何もやってないんですか。

前川　やりはじめましたよ。でも、結局技術的にめちゃくちゃ遅れちゃってるんですよ。あとは売電がまだ残ってるんで、結局のところはそこをメインに考えてるじゃないですか。今だと「全負荷型」っていうんですけど、「お家全体の電気を蓄電池から回しましょう」というものがあります。でも、少し前までは「どれとどれとどれにしますか」みたいな感じなんですよ。「家の中の電気、どれか3つ選んでください」みたいな。

いとう　お風呂沸かすやつと、とか？

前川　そう、そこだけに対応しますみたいなシステムで、ちょっともうすさまじく遅れてるっていうか。

いとう　蓄電力が弱過ぎてそういうことになっちゃってる。その上日本は、自分たちの権利を囲い込む人たちばっかり増えちゃったってことでしょ？

前川　なんなんですかね。電圧にしたって、日本の電気は100vか200vじゃないですか。でもこれが海外だと120vと240vです。だから海外の製品やインバータを持ってきた時に電圧が高過ぎちゃって。その度に、また別でコンバータを入れるっていう。

いとう　わざわざ低くして。

前川　そうなんですよ。実際とても面倒くさいことになってるんです。

いとう　それは確かに、音響関係のエンジニアとかミュージシャンたちがよく言いますね。海外は電圧が高いから音の鳴り方が全然違うって。日本のフェスとか、聴いてられないみたい。それは電圧が違うからだっていう。

前川　本当に世界はそうで、日本だけ100と200なんですよ。だから海外製品をすんなり使えない。

いとう 入ってこないようにしたんですかね。

前川 少なくとも、入ってこないようになっちゃったんですよね。

いとう だからユニバーサルな世界から遅れている。ゆえに技術も輸出できない。

前川 そうですね。

いとう あの、今、〈でんきバンク〉の中を見ることってできますか。

前川 もちろんです。

いとう はあ、コンパクトですよねー。「ふざけんなよ」って言いながらこれをつくったわけでしょ？「こうすればいいじゃん！」って。

前川 そうです（笑）。

いとう やっぱりできるまで大変だったんですか？

前川 仕組みは簡単なんですけど、どう安全性をキープするかっていうことですよね。このインバータは熱を持つので排気のところとか、あとはバッテリーがなくなった時の切り替えは付けたかったんですよ。

いとう 大事なところなんですね。

前川　はい。切り替え先は、例えば別の〈でんきバンク〉でもいいし、家の電気でもいいから差しておけば切り替わるっていうのにしたかったので、そこがけっこう大変だったんですけど。

いとう　どのぐらいの年月が？

前川　最初からだと2年ぐらい。

いとう　でも2年で！　めちゃめちゃ短くないですか？　開発期間2年って！

前川　そうですね。基本的には単純な組み合わせなので、それをどう収納していくか、使いやすくするかっていうことでした。

いとう　これ、わかりやすく人に説明するとしたら、最大貯められるのは、どのぐらいとか。

前川　この場合は240W分のパネルを接続して充電して、ゼロからなら5時間ぐらいでフル充電になります。最大で500Wまで出力できるんですが、容量が1・3〜1・4キロしかないので、フルで使っていると1、2時間ぐらいしか使えないんですけど。

いとう　そこで「しか」とは言っても、さっき言ったみたいな充電しながらだと。

前川　もっと時間は伸びます。

いとう　実際にそれでライブができてたんだからね。スモークだって、ずっと焚いてる状態でしょ？

前川　ずっと焚いてらっしゃいました（笑）。

いとう　それもこの中型トランクみたいなやつで（笑）。で、どれぐらい保つんですか？

前川　毎日使っていれば、10年ぐらいですね。

いとう　これが実際ある上で、「オフグリッドにすればいいのに」っていうことを前川さんはアピールしている。

前川　一番は「自分でつくれるんだよ」っていうことですよね。「脱炭素って、何したらいい？」という究極の方法は誰もわからないと思うんですけど、その中で一番簡単なことを実践しているつもりです。もともと日本って、省エネのマインドがすごいじゃないですか。でも、同時に快適に暮らしたい。だとすれば、自分でつくって使うべきだと。

いとう　太陽は照ってるじゃないかと。

前川　なんて言うか、そんな苦しい思いをする必要はなくて、自分でつくれればそれが一番いいと思うっていう。

いとう　納得しながら生活できそうですよね。

前川　「あ、今日これしか電気ないから、これでいっか」とか。

いとう　「あれは今度にするか」とか。逆に「今日めちゃめちゃ照っちゃったから、アレやっちゃおうか」とか。

前川　例えばエアコンとかも、暑いからとりあえず一般の電気はエアコンだけつけといて、他は太陽光みたいなこともできるじゃないですか。でも、ただただ普通の電気を使いながら省エネってなると、我慢だけになってしまう。電気を自分でつくってると、「今日はこれぐらいしか電気ないから」みたいな考えになるんです。

いとう　今日はあんまりアジ獲れなかったけど「まあいいか、昨日のアジをフライにしよう」みたいな。

前川　そうそう！

いとう　そういうマインドに変えていかないと。

前川　これからもっとそうなっていかないといけないと思うんですよね。

いとう　手応えはどうなんですか。

前川　すごくはないですね（笑）。

いとう　ないんだ（笑）。それこそもったいないです。

前川　でも、ないと言いつつ、やっぱり「オフグリッドにしたい」という問い合わせは来るんです。それが、例えば大手のメーカーが何万台ってつくればすごく安くなるところ、結局うちみたいなカスタムで「発注はどのぐらい?」、「蓄電池どれぐらい入れます?」という見積もりを出すと「おお、高い」みたいな感じにはなります。でも、その中からでも「ここ減らしましょうか」って減らしていって、「一部分でもいいからやりたい」というお客さまもけっこう増えてきました。

いとう　この〈でんきバンク〉は1セットでいくらぐらいなんですか。

前川　今、50万から60万円ですね。

いとう　まああまあするように聞こえますけど、10年使えるとなると、一般の電気料金を年間で比較すれば安い。1年で5、6万の電気代ってことだから。ベランダだったら何枚パネルを置ければいいですか?

前川　この折りたたみのものを2枚置ければ十分です。

いとう　この楽譜みたいなやつを開いて。

前川　はい。外に置いておいてもらえれば。

いとう　ぶら下げるのもアリ。

前川　そうです。

いとう　てことは、マンションのベランダでも。

前川　使えます。

いとう　昼間、だいたい普通に晴れてる状態でフルにするには、どのぐらいかかるんでしたっけ。

前川　2枚で4、5時間ですね。

いとう　これを家政科を出た人がつくっちゃってる事実（笑）。そういやそもそも、なんでその准教授は前川さんにパネルをくれたんだろう。

前川　社長の知り合いがお知り合いで、たまたま「辞めるから」、「使うんじゃないの？」っていう感じです。あと、私と社長との付き合いは、私が自分で飲食店をやってた時のお客さんの知り合いだったっていう。

いとう　縁のみでこんなことに（笑）。その繋がりが早く日本を変えちゃえばいいのにね。

前川　もうひとつ面白かったのが、私ずっとシアターブルックが好きでライブに行ってて、バンド結成20周年かなんかの時、「私、再エネやってるんですよ。今度見てもらっていいですか」って言って蓄電池持って行って。

いとう　佐藤タイジに話して？

前川　はい。その時にたまたま設計を手伝ってくれてた人がいたんです。その人も音楽好きだからライブに連れて行ったら、なんとその人、シアターブルックの初期のドラムスだったんですよ！

いとう　わ、そうなの？（笑）。

前川　「なんで隠してたんですか？」ってビックリして。こんな再会あるんだ、みたいな。

いとう　いろんなものをコネクトしてますね。

前川　そうですね（笑）。

いとう　縁も繋いでる（笑）。それはとにかく、前川さんも、電気は貯めながらオフグリッドにして、かなりの量を自分たちで使っていく未来しかないんじゃないかって思ってるってことでしょうか。

前川　そうですね。結局、送電線ってインフラじゃないですか。はっきり言って、インフラってどんどん壊れていくんですよ。

いとう　ああ、水道管と同じでね。

前川　未来がないんですもん。送電線が焼け焦げて、地下でも焼け焦げて、近い将来そうなりますよ。

いとう　うわ、そうか！　日本全国でまた送電網をつくり直すって、考えにくいですもんね。

前川　インフラを全部やりかえるっていう体力が日本にあるのか？　みたいなところもあって。

いとう　まさに。

前川　だとすれば、本当にこれから頻繁に停電が起きると思うし。

いとう　普通に、自己防衛のために蓄電の用意はしておくべきだと。

前川　3年くらい前に雑誌の「ソトコト」の繋がりでお会いした防災関係の役人の方が、「もう自分で自分を助ける、余力があれば他の人を助けるっていうような動きにしていかないと、国ではもう災害に対応しきれない」って、ちょっとポロっと「自助」、「他助」みたいな言葉を使ってて。

いとう　子ども食堂みたいな世界だ。

前川　私も聞いてて「そういうことですよね」と思って。

いとう　かたや、もう何年かしたらゴミが溢れちゃうのに、原発の再稼動に進んでる。一方で、再生可能エネルギーに切り替えればいいんだけど、それも実は送電線自体が老朽化してるんだとしたら、そしたら当然、自分の家のベランダから電気をつくって貯めて使う以外ないじゃないかっていう。

前川　インフラがそもそもそういうものというか、結局高度成長期につくったので、同じタイミングでだんだん劣化していくわけです。しかもつくった時と環境も全然変わってきてると思うので、それに対してどこまで耐えられるのか。

いとう　そういう風に日本を見ておかなきゃダメだってことですよね。みんな、未来のビジョンを変えないと。「このまま行く」と思っちゃってるのは、確かにおかしい。

前川　本当に日本の人って平和ボケっていうか、安心安全の国って思ってると思うんですけど、意外とそうじゃない。やっぱり海外では、CO2に関してすごくいろんなところで若い人もお年寄りもみんな言ってて「私、こういうことやってます」ってどんどん動いてるのに、日本はなんか「ＳＤＧｓって何ですか？」みたいな授業を学校でいまだにやってたりで、「いやいや、そういうレベルじゃないんだよ」って（笑）。

いとう　もう、崖っぷちなんだよって（笑）。

前川　これだけ大雨が降って天気がおかしいわけで、もう身をもってわかってるでしょっていうのを、なぜみんな言わないのかなって。いまだに環境危機を否定する方もいますけど「そこ、もう認めよっか」みたいな。
いとう　世界中がそうなんだしね。
前川　本当、そうですよね。アメリカなんかの話を聞いていても、CO2の問題ってすごい前からあったんですよね。CO2が増加して気候がおかしくなっていくって言っていたけど、しばらくはなかなかそうはならなかったんですよ。というのも、当時はまだ海がCO2を吸収してくれていた。でも、もうその海も酸性化してきちゃってて、小さなプランクトンとかが育たなくなり、今度はそれを食べる貝類だとかが育たなくなって、おのずと魚が育たなくなって。
いとう　食糧危機ですね。
前川　10~15年ぐらい前から「もう、海がおかしい」ってなって、それが日本では全然報道されてないし、何も有効な政策をとっていなかった。だからそこでもう完全に世界とのギャップっていうか、どうしようって考えるスタートラインが全然違う。
いとう　危機感のレベルが違うんですよね。
前川　そこを、やっと菅元首相が脱炭素と言い出して、一応としても国として言ったのは彼がはじめてで、だからものすごく遅いけど、私は「まだしも、よくやった！」って思うんです（笑）。

いとう　いい子、いい子って。

前川　もう他にやってる国はいっぱいあるし、間違った例もいっぱいあるんだから、ちゃんと自分の目で見てどれがいいか、日本にはどれが合ってるのかをチョイスすればいいのに、結局ひとつしか見ないで、それを選んでただ持ってきちゃう。で、結局「ダメになりました」になっちゃうんですよ。1個やってダメだともうダメになっちゃう、その前にちゃんと何が起きてきたかを見て、その上でやらなきゃいけないのにっていつも思います。

いとう　せめて都の、今やろうとしてることが、特に東京なんかめっちゃ電気使ってるわけだから素早く進んで欲しいですね。

前川　一極集中型っていう問題も、ちょっとずつでも若い人は地方に行って何かするとか、だんだんと私のまわりとかも変わってはきています。でも、それでもやっぱり集中はしていて。東京都で、じゃあ「どうやったら再生可能エネルギーをつくれるか」ということをもっと話し合って、もっともっと真剣にやらないとって本当に思うんですよね。

いとう　まだぼんやりしてますもんね。

前川　とにかく、CO2の問題があまり議論されてないところが、すごく。それに結局国のお金が入ってくると、いろんなことがめちゃくちゃ制限されるんですよ。使うものが国内産じゃなきゃダメとか、この認定とってなきゃダメとか、「そんなことより進んでるものをどんどん選べば?」って思う部分もあって。

いとう　蓄電の世界もですか?

前川　だって、「認証をとっていないと安全性が日本では保証されないので」みたいなことがあるんですよ。そうじゃなくて、アメリカ、ヨーロッパで認証取れてる規格があったら、「じゃあそれはいいですよ」にした方がスムーズに入ってこれる。なのに、そこの検査に何百万とかかって、しかも蓄電池なんて1台でも何十万もするのに「検査のために3台用意しろ」とか言うわけです。「え、やる意味あんの?」みたいな(笑)。もちろん機械の安全性は大事なんですけど、もうちょっとシステムを見直してくれないと。こんな小規模な企業じゃ「同じ機種3台とか、できません」となるわけで。

いとう　大企業向けの考え方なんですよね。そしてそれだと、新しい発明みたいなものが出てこない。大胆なこともできない。

前川　そうです。

いとう　どん詰まりじゃないですか。

前川　どん詰まりなんです。だから結局みんなやりたい人は自分で調べて、今はアマゾンとかで海外のものは買えるから勝手に買って、みたいな感じですよね。

いとう　ＤＩＹだとそうなる。

前川　アメリカとかヨーロッパの動きだと、今ものすごい電池パークみたいなのをつくってるんですよ。そこだけで百万世帯分を賄える蓄電池の集合体。

いとう　すごそう。

前川　そこに再生可能エネルギーを全部持ってきて、蓄電しておいてそこから送電するっていうことを彼らはしています。だからもう、そこが日本で言うこれまでの火力発電所みたいな感じですよね。必要な時に出して、それ以外は貯めておく。

いとう　電気の調整ができる。

前川　そうです。デマンドの調整が自在なんです。そうやって世界は動いてるのに、いまだに原発動かすことにして、原発を動かすお金、ゴミの廃棄のお金を考えても、日本は結局地震大国なわけで、何かあった時の制御すらできません。電気の需給にも細かく対応できない。そういうものを平気で使うより、バッテリーをいっぱい組んでやっていく。それを「効率悪い」と捉えるのか。もし仮に本当に効率が悪いんだとしても、もうそうやっていかなきゃいけない状況だと思うんです。

電気をその場でチャージ！

いとう　電線がもうすぐ本当にダメになるとしたら、やっぱり街にひとつはそういう場所があって、そこに電源挿しに行くとか、つまりガソリンスタンドみたいなイメージで。

前川　私もずっと、ステーションをつくるとして、空になった蓄電池を持っていって充電されたものと交換してお家で使うような、そういうことを考えてます。

いとう　すごいなあ。

前川　だって、インフラなくなるとそうなっていくしかないじゃないですか。何があっても、充電してある電池さえあれば。

いとう　確かに、これからどうしたって「シェアの時代」になるから、電気も独占するとかじゃなくて、誰かが充電しといたやつをシェアするっていう。自転車もみんなシェアしてるじゃないですか。そういう動きが社会全体に拡がっていくはずなんですよね。つまり、電気をシェアしなきゃいけない。考え方を変えなきゃいけない。

前川　そう。それがもう、できなくはないんですよ。「遠い未来の話です」みたいなことじゃなくて、実際にすでにそうやって動いてる国があって、やってるところもある。あとは別に、それを真似するっていうか導入すればいいだけの話で、それにいくらお金がかかろうが、やらなきゃいけない時は絶対くるんです。

いとう　電線から電気がこない時代がくるんですもんね。

前川　いつかはやらなきゃいけなくなるんですよ。その時に備えて、今からそれがどういうものかを知っておくという。

いとう　経験値ね。ノウハウが蓄積されてるかどうか。

前川　電気を繋げたり交換したり、つまり足りない時に供給したり、余った分をいただいて別のところに届けたり、そういうグリッドの部分をやるのが、電力会社の役割になっていくと思います。

今、メガソーラーも問題になってるじゃないですか。あるいは送電線の問題で「買い取らない」とか「発電量が多過ぎる」とかって言ってるけど、それだってまず、バッテリーの充電システムをドーンと入れれば変わってくることです。そこに小型バッテリーが何台も入ってて、それらを充電して配送して、次の日に空になったのをまた充電してってやれば、実際に効率良く電気を使えるんじゃないかなって。

いとう 泉に水を汲みに行くようなイメージですよね。

前川 確かに。そもそも送電線ってどうしても、距離に比例して電気をロスしていくんですよね。それよりは、その場でチャージしちゃって。

いとう 産地直送、ピチピチのうちに電気を汲み取っていく（笑）。だから僕のイメージはね、最初は少なくても、ある町だけはそうするとか、ある村だけはそうするとかっていう、小さい単位で成功例をつくっていって、それがネットワークするようなことなんです。だってどうしてもこの国は、全体で一緒にやろうとするから。

前川 そうなんですよね（笑）。

いとう それじゃあ、絶対に動かないですよね。

前川 めちゃめちゃわかります。

いとう 「オフグリッド・シティ」がものすごく小さくはじまって欲しい。それこそ『人新世の「資本論」』を書いた斎藤幸平くんにも言ってるんだけど、「コモンの再生」って時に、まずは「小さいコモンを早く！」って。小さいコモンで成功すれば大きいコモンが真似してくるから。

前川　最初は個人から。

いとう　そうそう、あるいは友だち同士で。ただ近くに住んでないとダメなんだよね。だからやっぱり、これからはローカルの時代、確実に来る。助け合いが重要だから。

前川　ただ「自助」とか「自己責任」みたいな世界になってくると、どうしても自分さえ守ればいいっていう。

いとう　そう、シェアじゃない輩が出てくるでしょ。

前川　シェアじゃない方にいっちゃうのが怖くて、だからコミュニティとしてやると、すごくいいと思うんですよね。

いとう　その考え方でいかないと、それをお金に変換した途端、どうも違う奴らが出てくる。でも電気のまんまでシェアすれば、世界観が変わる。それって僕の友人が社長をやってる、携帯の充電器を街中でシェアする〈チャージスポット〉とかもそういうことなんですよね。彼らはあらゆるもののシェアを射程に入れてる。そういうシェアの価値観でコミュニティをつくるって、どこかの村が宣言してくれればなあ（笑）。このビジョンは誰に伝えたら一番効力あるのか。

前川　経産省か環境省ですか。

いとう　それかやっぱり、村々自身で。そして生きのびて「あそこいいなあ」っていう。ちっちゃくちっちゃく。でも、みんな幸せに。

前川　太陽光もそうなんですけど、今は風力も、小さい風力があるんですよ。

いとう　へえ、ベランダに付けられるやつ。庭には置けますよね。

前川　置けます。だからビルの上とか、小池さんビジョンは全然できると思うんですよね。

いとう　小風力ね。

前川　これはバッテリーに合わせて、ちゃんと直流で出てくるんです。普通風力って交流なんですけど、直流で出てくるので、そうするとバッテリーに直接充電できる。

いとう　へえー。あ、例えばここの紙に小さなコミュニティの図を描きますけど、一応わかりやすく太陽光パネルは真ん中に置くとして、そこで暮らすのが20世帯だったらどのぐらいパネルがあればいいですかね？

前川　100枚ぐらいですかね。1枚でも今300Wぐらいあるので、30kWとか。

いとう　小風力は？

前川　いっぱい置きたいですね。今1本でだいたい300Wぐらいなんで、50ぐらい。

いとう　これは「風の谷」にしましょう。

前川　アハハ。

いとう　さらに、普通にいったら自然に川があったりして、そういう場所ですよね。

前川　なんなら水力、小水力発電も。

いとう　「メガ」でもいいんだけど、どうしても矛盾が出てくるんですよね。「小」のサイズ感だと人がなんとかできるから。風力の鳥への危険があるなら「ここに網かけてなんとかしよう」とか、そのぐらいがいいんだと思うんだよね。

前川　そもそもちっちゃいと、全然鳥死なないです。

いとう　確かに！

前川　あとは20世帯分のバッテリー、お家はだいたい6kW契約ぐらいですよね。そうすると120kWのだいたい5割から8割ぐらいと考え

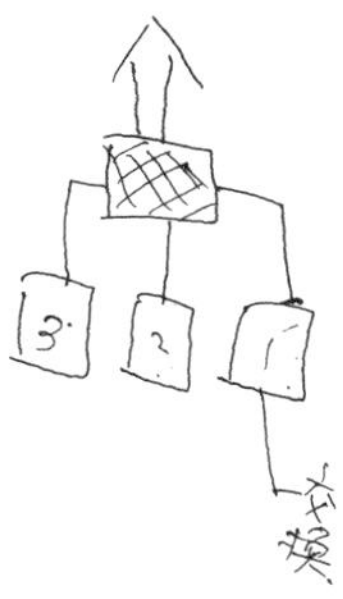

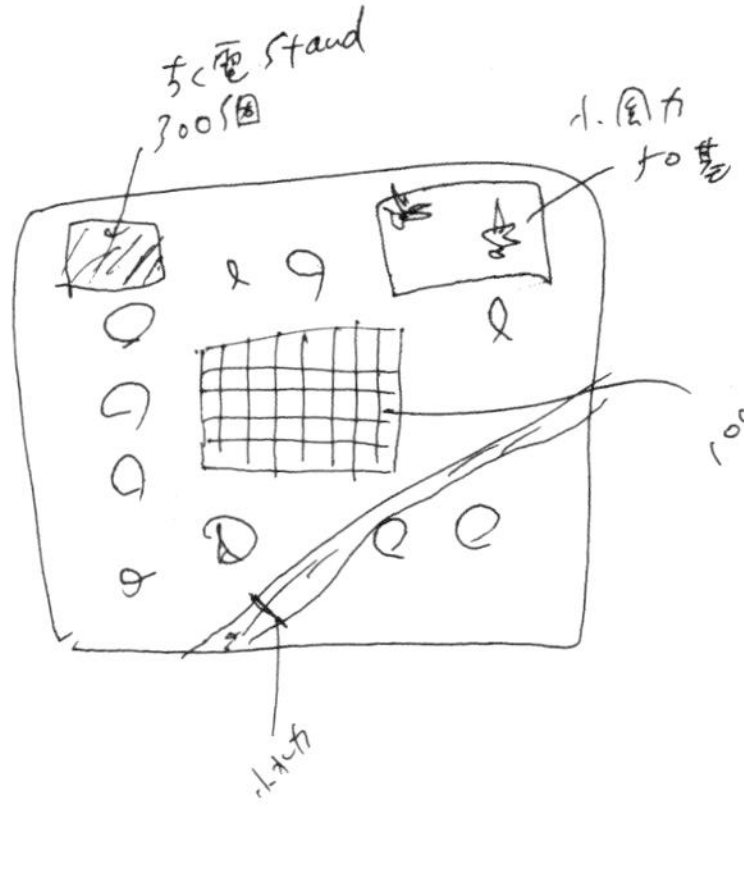

ると、１００ｋWの電池かける何時間か、デマンドの計算ですね。

いとう　〈でんきバンク〉だと、いくつですか。

前川　３００個か。

いとう　その３００個を、例えばひとつのやぐらに収納します。ここが重要ですよね。しかしここからインフラを引く必要はない。いわば蓄電スタンドだから。

前川　あとは電池をお家に接続する時、「いかに簡単に接続できるか」ということですよね。

いとう　家の中心にガシャッってハメればいいように、建築を変えてもいいですね。

前川　蓄電池と電気の量も、たぶんシステム管理でわかってくるんですよね。「ここの家、あと何％でなくなるな」となると自動で満タンの蓄電池が家の前に置かれたら、めちゃくちゃ簡単ですよね。今、電気は残量関係なく自由に使えるじゃないですか。そうじゃなくて、自分があとどれぐらい電気を使えるかということを把握するっていうのは、すごく大事なんじゃないかなと思うんです。

いとう　ほんとですね。例えば僕の家ではお水とかは月々届くようになってるけど、「今月は水すごい飲んじゃったな」って思う時は、自分でネットで頼んで余計に持ってきてもらう。そういうようなことと電気も同じじゃっていう風に考えれば、それこそUber電気が運んできて家に来るっていうことじゃないのかな。それがオフグリッドっていうものだったっていう。いやいや我ながら、この村いいな。一刻も早く実現したい！

前川　アハハハ！

いとう　どっかの村が早くやってください！

で、それもそうなんだけど、前川さんは、家政科に入る前から、メカ的なことに興味があったんですか？「なぜこんなことができるんだろう」って興味なんですけど。

前川　いえいえ、ビデオデッキが壊れたら分解するっていうのは1回だけやりましたけど。「マイケル・ジャクソンの25周年のビデオが引っかかって出てこない！　みたいな状況があって。「絶対ヤダ！」って。つまり、マイケル愛がそうなっただけで（笑）。

いとう　てことは、太陽光の施工の会社にいたのもたまたま？

前川　はい。給料が良かったのと、子どもに何かあった時に、そっち優先していいっていう職場だったので。

いとう　さらには飲食時代の繋がりで社長とのめぐり逢わせがあって。

前川　なんかやりたいと思ったら、なんでもやる方なんですよ。だからいつも、「これこうしたらできるかな」とかって考えるんです。それはね、けっこう料理からきてるかもしれないですね。

いとう　そうなんだ！

前川　これとこれとこれを合わせたらこの味になるとか「じゃあ、それやってみよう」みたいな。

いとう　「何かが足りないんだよな。あの調味料入れてみよう」的な。

前川　それ、全部に共通している部分はあるかもしれないですね。例えばキッチン用品でも「これがなきゃできない」とかいう場合、あるじゃないですか。でも「これ、こうやったらできるんじゃないの？」って考えるというか。何をやるにしても、それは好きなんです。

いとう　だからって普通、〈でんきバンク〉はできないけどね（笑）。

前川　アハハハ！　自分では、人のめぐり合わせもありますし、あと私シングルマザーなので、ひとりでやんなきゃいけないとかけっこう多くて、人ひとり育てると考え方が変わってくるというか。絶対に譲れないところは譲らないけど、「できないこともあるぞ」みたいな。

いとう　でも違う方法でそこはやる。

前川　そうなんですよ！　子どもに嫌な思いはさせたくないけど、お金はないから違う方法から考えて。

いとう　喜ばせて。

前川　そうなんです。

いとう　そこが繋がってるのは強いですよね。人を育ててることと、この「エネルギーを育ててる」ということがパラレルなんだね。そう考えれば、いろいろ思いつくことがあるだろって。そこが別だと思ってるから、アイデア思いつかないんだよ。

前川　電気業界の人って、頭が固い人が多いんです。それはインフラとしての、電気保守をしなきゃいけない。もう法が整備されてるし、だから発想が「これはできないよ」なんですよね。でも、そうじゃないところの柔軟な発想で、面白い電気ができないかなって。

いとう　根本的に変えることができるかもしれませんもんね。

前川　新しい時代の子どもたちが、さらに新しいことができたらいいなと思うし、そこにこそ明るい未来があると思っていて。この前お手伝いしたアーティストのコムアイさんの展示のプレスリリースの時、お友だちみたいなアーティストの方とかが裸になって太陽光パネルを抱えて、撮影をしていたんです。あまりにも斬新で「すっげー！」「なんだこの身近感」っていうか、電気やパネルと一体化して表現してるのがものすっごい面白くて「すごいよ、コムちゃん！　私ちょっとあまりにも衝撃だよ！」って、本当になんか、パネルってそれまでは無機質なものだし、温かみもなくて。

いとう　カルチャーの感じがしないもんね。

前川　それが、裸にまとったことによってめちゃくちゃ文化になってて「カッコいい！アーティストってそういうことか」って思ったんですけど、そういうコラボレーションが新しい発想になっていく。その時に「これはそういうことだな」って、すごい思ったんですよね。

いとう　電気がアートになっちゃうっていうことですもんね。いや、それはとっても大事なことです。

chapter 3

光を分けて同時二毛作
ソーラーシェアリング

東 光弘

東さんは広大な土地で日本発の技術「ソーラーシエアリング」を進めている方です。細めのパネルから差しこむ陽光で、しかも有機どころじゃない農業も進めてしまう。

現在の電力危機に対して、いやだからこそ再生可能エネルギーなんだとにこやかに説いてくれる東さんのそのクレバーさと情熱とユーモアに、僕は希望を見ました。

農地で発電

いとう　ということで、とにかく日本のエネルギーに関して明るい未来が見えなくて。東さんは正直大丈夫なのか、うかがいに来ました。

東　いやあ、ありがたいことに元気に忙しくさせてもらっています。

いとう　え？　そうなんですか（笑）。

東　ソーラーシェアリング総合研究所というのを立ち上げたり、ちょうど今大きな設備を5億円ぐらいでつくってたり、あとは神宮前のTWIGGY.っていうカリスマ美容師さんのところの屋上に太陽光発電のシステム、通称〈東京オアシス〉をつくるとか。ほら、これが完成予想図です。

いとう　あ、オシャレだな。原宿にこれ？

東　でしょ？　周囲を木の柱で囲って上にパネルを置くと、もうこれがすごく良くて（笑）。

いとう　いつ頃できるんですか。

東　2023年の春には。つまりこの本が出るころにはすでに完成してます。今ようやく材料が全部揃って、防水のためのシートであったりとか、都内なんでパネルが風で飛んじやったりすると危ないから、そういう設計関係も大手としっかりやって。
いとう　十分に用意して。
東　はい。パネルも横型の新しいものがあったので、それも使って一緒にやりましょうって話にして。
いとう　え、こんな箱みたいにしちゃうんですね。ああ、それで箱の外の四方八方から光を採れるようになってるんだ。
東　そうそう。まず屋上をぐるりとこう、目隠し的に設備をつくっちゃって、それ自体が強風をカバーすることになる。で、その敷地の中にこじゃれたシステムをつくって。
いとう　もちろん上からも光が入るってことですね。
東　ええ。こういう技術的なことが最近「ようやく整ったな」という感じなんですよね。
いとう　そして、これをもって東京進出。
東　はい、まあ東京生まれだし、東京好きなので。
いとう　そんな東さんが千葉の匝瑳市の、どのぐらいの面積で太陽光発電をやってるか、そして何年ぐらい取り組んでいるか、その出だしのところから教えてください。
東　はじまりは2014年からですね。8年ほど前なんですけど、ソーラーシェアリングとの出会いとなるとそれより前で、10年以上になります。大きなきっかけとして3・11はありましたが、24歳頃、33年前は〈GAIA〉という組織にいて、それこそ30数年前から「環境問題はトータルに」ということで、大根の脇でソーラーパネルも売ってたんですよ。

いとう　なんか面白そうな活動ですけど、そもそもすごく前ですね。

東　はい。1990年ぐらいから千代田区神保町で、じゃがいもや人参の隣に太陽光パネルを置いて。

いとう　え（笑）。

東　まず名刺に、「大根からソーラーパネルまで」って書いてありましたからね（笑）。そういう背景があったけど3・11で放射能が漏れちゃって、これは間に合わなかったなと。だからやっぱり「エネルギーのことも直接やんなきゃいけないよね」って考えて。ちょうどその事故というか、あの大震災の午前中、当時の政権は民主党だったんですけど、そこで固定価格買取制度〈FIT〉が国会を通ったんですね。

いとう　その日に？

東　奇しくも、その日の午前中なんですよ。

いとう　ああ、そうだったんだ。3・11の午前中に。

東　それはもうギリギリの奇跡でした。地震が先にきて午後に国会だったら間に合わなくて、何年か遅れてたかもしれない。その午前中に国会で決まって午後にあの震災があって、「これはもう変わるしかない」ということになって。それまではいろいろと、太陽光については最低限の知識の下地はあっても、調べていくとやっぱり「山を壊すタイプはやりたくないよね」ということで、自分の中に葛藤がありました。それなら「工場の跡地とか、お家の屋根に付けるのはとりあえずいいでしょう」と。でもそれでも、全部の量を考えると「足りないなあ」と。そういう中で悶々としている時に、長島彬さんと出会って「ソーラーシェアリング」ということを知って。

いとう　ソーラーシェアリングというアイデアを言い出した方ですよね。

東　そうです。発明者、生みの親的な感じの素晴らしい方で。

ソーラーシェアリング

いとう　パネル自体が細くできていて、「上からの太陽光がパネルを抜けて下の土地にまで届く。つまり光をシェアしよう」って発想。それを長島さんが。

東　そう、考え出されて。じゃあそれを多面的にやっていこうっていうことで、話としてはいいんだけど、ずっとこっちも農業畑でやってきてたので。なにしろ30年前から有機農産物の流通をやってたわけですよね。有機八百屋ってことで。

いとう　つまり八百屋をやってるところに、パネルが乗っかってきた。

東　だから、太陽光の方が全然初心者なんです。

いとう　でも、ことシェアリングに関しては、全国で一番早いぐらいじゃないですか？

東　そうです。結局ソーラーシェアリング自体が生まれたのがその頃で。それで現場に行ってみて。だから最初は、畑の上で太陽光発電をやった時の植物への悪影響を心配しました。自分も全国の北から南までいろいろな農家さんに会いに行くのが仕事だったので、軽く「眉唾かな」というか、「文句つけちゃおうかな」ぐらいの感じで長島さんのところへ行ったんです。で、食べものって人がつくるから、やっぱりひとかどの人がひとかどの野菜を産むんですね。僕はそういう人のつくった野菜の顔を見るというか、畑の空気を感じる仕事を20年やってきてたわけで。

いとう　そうか、ひと目でわかる。

東　それはわかるんです。そしたら長島さんところの畑の野菜が、「僕たちは元気だよ」、「いい感じだよ」っていう顔をしていたので（笑）、「これ、ありなんだな」と思って、じゃあ1年間ボランティアで週一でそこで農業やって確かめようって。すると、いろいろなものが「全然元気に育つじゃないか」と。

いとう　上にパネルがある状態でね。

東　長島さんのところは太陽光パネルの遮光率を30、35、40、45、50％とグラデーションをかけて試していて、「これはどれでも影響ないな」というのがわかりました。だったらこれは背水の陣を敷いて食べ物の仕事はやめて、「自分でソーラーシェアリングの会社をおこそう」となったのが9年前。８年前に起業してそのまま、現在に至ります。

いとう　なるほどそうだったんですね。で、ここ匝瑳市の拠点は今全部で何ヘクタールですかね。

東　20ヘクタール、20万平米ですね。

いとう　とんでもなくデカい区画。ここに太陽光設備を建てて農業することになったのは、どのタイミングなんですか。

東　会社をつくった当初は予定地がとりあえず小さくて千平米、今の200分の1ぐらいでした。それをみんなで手づくりで、僕は文系なんですが、生まれてはじめてラチェットっていう六角ボルトをカチャカチャ締めるのを、どっちが締まってどっちが緩むかもわからない中やってみたらできて（笑）。農業の方は共同代表の椿さんが兼業農家だったのでとりあえずやってくれて。そして、それができたことで、城南信用金庫の吉原毅さんが2年後に2億円の融資をしてくれて、そういう積み重ねで現在に至るっていうことですね。

いとう　どんどん広がっていって。

東　はい。

いとう　しかも、この千葉の、ここにいる農家の方たちと結びついて、一緒にやってるじゃないですか。

東　そうですね。ソーラーシェアリングという農業なので、永続的に農業をやってくれる人が必要ですからね。もともと有機農産物の流通をやってた流れで、この地域にも何軒かいい農家さんを知っていたんです。

いとう　ああ、そういうことか。

東　それで農家の息子さんで、30歳ぐらいですごく信頼できる方が何人かいらっしゃったので、「こういうのやって土地も増やしていくから、パネルの下の耕作をする会社を一緒につくらないか」と声掛けして、そのうち3人が「一緒にやりましょう」ということになって。それで、「Three Little Birds」という農業生産法人を一緒につくったんです。実際その若社長さんは音楽が好きで、ボブ・マーリーの曲名から。

いとう　そうですよね。かっこいい名前だなあと思ってました。じゃあもう当初からこの広大なところで、あるのは全部ソーラーシェアリング。

東　そうです。うちはシェアリングしかやらないんです。

いとう　よく太陽光パネルに反発を覚える人たちは、山にびっしり建ってて「太陽の光が下には当たらない。土地が荒れる」って言うけど、「シェアリングは農業」ですもんね。むしろ土地が命。

東　そう。だから、うちらの畑の土はまだまだすごく悪いんですけど、その土を良くする作業もセットでやっていく。発電と農業を分けてないんです。

いとう　なるほど。パネルは上にあって発電してて、そこの隙間から太陽光が入ってきて、下の土も次々に改良して、そして農業を革新していく。

その農業との融合というコンセプトみたいなものは、東さんが誰かから教わったものなんですか。それとも、一緒につくってきたものなんですか。

東　長島さんがもともとそのようなお考えでしたし、私自身も最初から「山を壊したくないよね」と。あとは地域コミュニティパワーの三原則というのがあって、ひとつが「地域で生まれた電気はお金の部分とか関係性の部分でも、地域循環が大事だよ」というものなんで。

いとう　三原則、いいですね。あとのふたつはちなみにどんなことなんですか？

東　2番目は意志決定も地域の組織が持つことで、3番目は地域の利害者がプロジェクトの大半かすべてを所有しているというものです。

いとう　なるほどー。

東　だから我々の農業は、最初からトラクターはBDFっていうバイオディーゼルを使うとか、あとは全部JAS有機のオーガニックでやることにしてるんですね。そもそも一般の農業って肥料とか、農薬とか含めてすごくたくさん化石燃料を使ってるんですよ。それで有機農業が必須で。ヨーロッパの植物学会とか見ても、有機だと50年間で土中の炭素量が増えてて。慣行農法っていう普通のやつだと、年々炭素量が土から減って空気中に出ちゃうんですね。そのこと自体は最初から知っていましたが、それに肉付けされたいろんな改良点についていては、やりながら学んできたっていうか。

いとう　確認ですが、通常の農法だとやっぱりCO2が出ちゃう？

東　出ちゃうんですよ。毎年、土中の炭素量が減っちゃうんですよねー。

いとう　それをどう抑えるんですか？

東　いろんな方法があるんですけど、有機農業やればとりあえず土の中で増えるんです。というのは、土に微生物が増えるので、その死骸もけっこうな炭素量になるという。

いとう　それを外に出さないことが重要なんですね。

東　ですから去年からパタゴニアと一緒に、不耕起栽培の研究をやっていて、これは効きますね。

いとう　やっぱり不耕起ですか。いろんなところで近頃聞きます、この「耕さない」農業のことを。

東　ええ、違いがすごいです。それを今、茨城大学の小松﨑将一先生と福島大学の金子信博先生と協力して、炭素量がどのくらい増えていくのか計測をはじめているところです。結果として、すごくいい感触を得てるというか、わかりやすく言うと「耕さないところの方がフカフカ度が早く進むな」という。

いとう　フカフカ度って？（笑）。

東　歩いてみて足の裏の感覚だけでも相当わかる感じなんですけど、拡大してみると団粒化といって、ミミズや微生物から分泌されるネバネバした成分が接着剤的な役割を担って、土の粒が寄り集まっていってポップコーンみたいに中空状になっていくんですね。これがスポンジみたいなイメージの状態になっていって保水性や水はけが向上して、さらに微生物が増えてという好循環で、不耕起栽培だと段々とこの団粒構造が育っていくんです。耕してしまうとこのせっかくの団粒構造がいったんリセットされちゃうんですね。しかも、この時に有機栽培の力で貯めこんだ土中の炭素が一部、大気中に放出されてしまうんです。

いとう　太陽光のシェアリングのことも、農地の土地をどうつくるべきかということも、東さんがほとんど一番早く実験して、きちんと自分の目で見て触って調べて、それで主張してるから説得力が違うんですよね。だからこそ今日も何度目かの訪問で、ここに来ているわけなんですけど。

東　僕は自分のことを疑ってるっていうか、良かれと思ってやってるのに実は環境に悪かったということが、自然食の時代にけっこうあったんですよ。

いとう　ああ、なるほど。そういうのありますよね。

東　真面目に一生懸命地球を良くしようと思ってやってるのに、環境問題って結局自然から学ぶ学問というか体験なので、昨日まで合ってたと思ったものが変わったりする。

いとう　新説が出て。

東　新説が出たりすると「あっ！　逆してた、ごめん！」みたいな。だけど、自分は本気で目標に向かってるんで、変わっていかないと。

いとう　結局「罪をかぶらない」ために何もしないんじゃや、すべてを見過ごしにするってことですもんね。

東　そうですね。僕ね、もともとフォトジャーナリストになりたかったんです。ロバート・キャパとかユージン・スミスとか、そういう戦争やアンフェアが嫌いな写真家になりたかった。そうなる代わりに、今オーガニックとかやってるんです。

いとう　やってることの根底が、実は繋がってると。

東　僕にとったら、太陽光とかオーガニックの食べ物が、カメラとか写真の代わりなんですよね。「それらを通じて世の中に笑顔を広めたい」という活動なので、そっちに行く意志はものすごく強いというか、地雷を踏んでもいとわないというか。だからそういう中で今実証して、その熱量が大きかったから結果としていい情報も得られて、せいこうさんはじめ、協力してくださる方も徐々に増えてきて。

いとう　それはやっぱり、東さんのやっていることが面白いからですよ。で、ここでひとつ、これを読む人が知らない、「太陽光発電を農地で」、つまりソーラーシェアリングってことの東さんたちならではのビジョンがあるじゃないですか。これをちょっと説明してもらってもいいですか。

環境問題界のガウディ

東　すごくざっくり言うと、「なんで細いパネルでやってるの？」ということについて、常にさらにより細いのを目指していて、「自然界の木漏れ日に近い世界をつくりたい」というのが基本的な発想なんです。さらにこれからは、最終形態としては〈ペロブスカイト太陽電池〉っていうのが出てくると、太陽光パネルのかたちが自由になる。だからその時は、葉っぱのかたちの太陽光パネルをつくろうと思ってて。

いとう　そこまで進んでたか！　それはすごい。分散型社会を目指すなら、パネルも徹底的に分散して葉っぱ同様に繋らせる。

東　ええ、それをやりたいんですよ。自然界にできるだけ近いかたちだと思うんです。自然界に、あんな大きい畳ぐらいの太陽光パネルがガーッとある状態なんかありませんからね。それがどう生態系に影響を及ぼすのかもわからないし、人間も動物なので、生理的に気持ち悪いっていうか。

いとう　それが反発になってますもんね。

東　どうしても、「ウッ」っていう。

いとう　木が切り倒された山にあれがびっしり並んでると。

東　違和感を感じるわけです。ガウディの建築物が多くの人に受け入れられるのは、あれはやっぱり自然から受けたインスピレーションでそれに当て込んでいってるから。だから僕は「ガウディになりたい」と思って（笑）。

いとう　それは、わかりやすいですね。環境問題界のガウディ。それと、いわゆる「野立て」と呼ばれる太陽光パネルの設備があって、あれは下が農地じゃないですよね。

東　そう。農地以外だと、たいていは野立てになります。そこでは砕石や防草シートで土を覆ってしまうことが多い。強い除草剤を使うことも多く、地面が呼吸できないので環境的には本末転倒な側面があります。

いとう　野立てでもシェアリングで何か下を活用できるといいですね。農地の場合、何か規制の基準があるんですか？　発電量とか、パネルの種類とか。

東　いや、どこでもパネルの下で作物がきちんと育てばいいんです。ただ2割以上収量が減らなければっていう、そういう縛りはありますが。

いとう　で、基本的に東さんがやりたいのは、農地でってこと？

東　いや別に農地じゃなくても、例えば今やってるビルの屋上でもいいんです。結局、残念ながらなんですけど、もともとの生態系から比べれば農業こそが人類最初の環境破壊なので、「農地だからいい」っていう風に考えているわけではないんです。

いとう　なるほど。

東　自然界には基本的に完全な野っぱらはないんです。野っぱらがあれば、たいてい鳥のフンから木の芽が出て低木が生えて、7、8年もすると林に育っていきます。林ではない時点で環境破壊ですから。とはいえ、増えてしまった現在の人口を支えるためには一定の農地が必要ですし。そして完全な野っぱらが人間と共存することは難しいので、そういうところに太陽光をある程度遮蔽するものがあるのは、意外と環境負荷という点では低いだろうという。

最小限必要なものはやっていくってことで、僕は理想主義者でもありませんから。お家の屋根のパネルにしたって「いたしかたなく」というか、「現時点ではむしろいいよね」っていう。山自体が脱炭素とか環境を浄化する機能を持ってるのに、新たに「それを崩すのなら、絶対良くないよね」という感じのグラデーションです。

いとう　その濃度を見て行動する。

東　ええ、度合いですね。だから例えば「スーパーマーケットの駐車場広いなあ」って思いますよね。そもそもまずは誰でもスーパーに買い物に行くわけです。すでに一度開発されちゃっているので、それは確かにもとをただせば環境破壊なんだけれども、そんなこと言ってたら現代社会は成り立たないから、だったらそこに太陽光を置いちゃえばいいじゃないかと。

いとう　あ、そうか。パネルまでの高さを上げれば、下に車とかが通れるじゃないかと。

東　そうそう。ハイブリッドでいった方がいいかなっていう。

いとう　それもわかります。それでしかも、東さんにはさらに大きなコンセプトもたぶんあるでしょう？

東　そうですね。

いとう　化石燃料文明が終焉してるんだと。実際もう「この暑さを見ろよ」と。アフター化石燃料文明をどうつくっていくか。

東　最終的に太陽光が広まることは、今の僕のすべてなんだけれども、それも目的ではなくて。そのことによって、僕はせいこうさんのファンでもあるんですけど、写真や音楽、映画だったりとかそういうのが好きなので、「それはなんで？」というと、すごく自分の心が喜ぶ、気持ちがいいから。自然エネルギーって本来そういうものなんです。そういう、自然エネルギーが広まるっていうのは単純な技術論として広まるんじゃなくて、自然エネルギーが持つ世界観が広まることで、もうちょっと優しい世界というか、もっと「ホリスティックなものの見方が世の中に広まるといいんじゃないか」ということなんですよね。

いとう　今まで2人の方に話を聞いてきて、電気をつくって売ってる人は東さんがはじめてなんです。アップデーターは、誰かがつくった電気を集めて売ってる業者じゃないですか。前川さんは蓄電を進めている人。そして実際に電気をつくっているのが、東さん。生産者の立場から、自分たちがどういうことでこれをつくっているか。そうなるとやっぱり、ただ売電となると「一番良くなかったのが収益のことばかり気にしてしまうことだ」という声も聞かれて。でも、東さんはもとから考えが違うってことなんですね。

東　大きい意味での収益って、それはじゃあ、百万円儲かって家族で海外旅行とかするのが目標だろうかという。それよりも「最初から仕事自体が楽しくて幸せなのが最も大きい収益だろう」って。

いとう　確かに！　気持ちとしては、毎日がハワイ（笑）。

東　そういうこと。心のリッチさが、毎日収入何千億みたいな（笑）。もちろん経営は経営なので数字は整えて、拡大再生産できるように会社も経済的には成長させながら、幸せな社会をつくる。そこが目的なので、他の自然環境との繋がりも最初からデフォルトで大事にしていく。すべての環境問題が繋がっていますよ。土の問題、人権の問題も含めて、SDGsとか最近出てきてるけど、「やっとこういう考えが出てきたんだな」という感じで、僕はもともとそういう考えだから。太陽光っていうのは全部の中の一部であって、だけどすごくパワフルで端的な一部であると。

いとう　なにしろ「エネルギー」ですからね。

東　そう。感情もエネルギーだし、食べ物もエネルギーだし、繋がりもエネルギーだし。

いとう　なるほど、エネルギー問題を感情まで含めて考えるってことなんだ。

東　そう、人間の在り方とか。自分のハッピー感とか生き様、倫理とか哲学も含めて、そういうものとして、せいこうさんも常に時代の中で何がトゲとして引っかかるというか、違和感というか、常にそこに身を寄せて別の道を発信してきたと思うんです。だから、そういうところは同じなのかなと。

いとう　いやいや、東さんが大先輩ですよ。

東　そんなことないですよ。ただ僕も野菜を都会で売ってた時は「仕入れて売る」という意味では、小売りでね。だから生産者に対してものすごい憧れとかリスペクトがあって、20代の時は自分が有機農家になるか、街に残ってそれを売るのか、そこにけっこう長く悩んだ時期がありました。だけど街に残って、誰かにつくっていただいた野菜をお客様に届けるのも「これもひとつの農業だな」って思えたんですよね。だから今は逆に、自分は流通から生産の方にきてるわけで、ある種消費まで含めて興味のある方、電気を使う方やメディアの方も含めて、みんなで社会をつくったり電気をつくったり、食べ物をつくったり、そこに同一性があるのかなって。

音楽だって、誰か才能ある人が一度録音したものをCDとかで再生して、改めて各々の耳で捉えてその信号を脳と感性とで感じている。若い時に聴いたジャズが、今聴くともっと良く聴こえたりとか、それは自分の経験が増えた分だけ聴き方が変わったり、それを再生する機械や自身の脳や感性の能力も上がっているだろうから、そこはもうあまり区別しなくていいのかなって。
いとう　「再生、いいじゃん」ってことですよ（笑）。
東　再生はもう生産という。
いとう　再生も大事な生産だから、「リプレイしようよ」って。
東　どこの電気を買うのか、誰がつくった電気を買うのか、それは生産に匹敵するぐらい価値もあるし意味もある。だから今、自分が生産者だからこそ使い手とか卸し手といった、販売する先にいる方々にお伝えできることがあるのかなって気はしています。
いとう　でも、「3・11の午前中に成立したFITが逆に足かせになってる」という言い方が正しいかどうかわからないけど、小売りの人たちが大変困ってる状況があります。電気の値段が高騰してるのは、売り手の東さん側の値段が上がっちゃってるってことでしょうか。
東　そうですね。そもそもの設計が良くなかったっていうか。
いとう　そう、そこはどうすればいいんでしょうか。
東　やっちゃったものについては修正するしかないし、ノンフィットであればその問題はもうない。ＦＩＴについては、今後もう増える余地はないので。

いとう　そうなんですね。

東　価格は下がっていっちゃったし、今後はＦＩＰっていう新しい仕組みにもいくし、それよりノンＦＩＴで経産省とかの足かせがない方が自由度高く使えるわけです。だから今、電気の流通については、巨大なルービックキューブをやってるような感じがあるんですよ。例えばＦＩＴ価格が下がっていくのは赤い面、ＥＶカーが増えてきて蓄電池が出てくるのが黄色い面、さらにペロブスカイト太陽電池っていうのが出てくると、今まで都心で日当たりによって採算が合わなかったお家でも採算が合うようになったりとか。

いとう　そもそも、そのペロブなんとかってのは、光を集める技術ですか。

新しい太陽電池

東　ペロブスカイト太陽電池は、桐蔭横浜大学の宮坂力先生という方が発見した新しい太陽光発電の技術で、今はまだ実証試験レベルですが、フィルム型なんですよ。

いわゆるシリコンタイプと違う方法の太陽光パネルで、今までのシリコンだと一部影になっちゃうと全部のパフォーマンスが落ちちゃっていたんです。つまり、発電効率が下がるんですね。その点、ペロブスカイト太陽電池は部分的に影になっても、影になったところだけのパフォーマンスが落ちて、残りは普通にパフォーマンスするので。

いとう　全体に影響がない。すごいな。それは廃棄物的な問題はクリアしてるんですか。

東　廃棄物的には唯一残念なのが、鉛を使っていて。

いとう　そっかー。

東　いや、そこを鉛フリーのスズに変える研究も進んでいて、変換効率が、スズを使ったものが現在13％までできています。

いとう　追いついてきてるんだ。

東　話を戻すと、どれがどの順番にくるかは見えないところがあるんだけど、仮に2030年という少し先にはだいたいの材料、さっき言ったルービックキューブの6面が揃ってくるはずなので。ちょうど今、「脱炭素地域100選」ということで、ここ匝瑳市が脱炭素100％になるような環境省のプログラムを地域主導でやっていて、今後はEVカーで移動すること自体をひとつ「送電網」として捉えるという考えが出てきます。すると、例えば匝瑳市のバスなんかはたいした距離を走らないので、うちの畑のソーラーパネルから充電して走れるだろうと。

いとう　子どもを乗せて、ぐるぐる回って。

東　そして、界隈の大きいスーパーに行って、しかも非接触充電で、畑で貯めた電気をバスが巨大な蓄電池として他へ供給するとか、そういうことも将来的には視野に入れて試みはじめています。

いとう　新しい！　ある小さなコミュニティがある地域で、そういう電気のやりとり、蓄電のやりとりみたいなことが起こって成功していくと、急に社会が変わるんじゃないかって、まさに思ってたとこなんです。では、もう匝瑳市が、第一候補ですね。

東　匝瑳市「も」だね（笑）。

いとう　すでに全国いろいろあるんですね。

東　そう、ソーラーシェアリングについては匝瑳市がトップランナー的なところがあるんですけど、そこは別に電源がソーラーじゃなくても、それぞれの地域が頑張って、太陽でも風でもそれぞれのいいところを利用して。例えば最近小布施町の人たちが来てくれて、あそこはアートで葛飾北斎ですよね。村おこしですごく成功してるんです。これから小布施も自然エネルギーの自給率を上げようということで、景観を大事にしながら、ソーラーシェアリングを入れることを検討しましょうと。
逆にうちらは2022年は2％人口が減っちゃってるので、人口が増えるようなことをしなきゃいけないから、小布施町みたいにアートを活用して関係人口を増やすことを学ぶ。お互いのいいところは交換していくみたいな、そういう集合知というか、オープンソースみたいなかたちでやっていきたいと思ってます。

いとう　知識や体験を、ネットワークしてるってことですね。

東　やっぱり、電気はインフラビジネスなので当面やれることはやりつつ、バリエーションを考えながら、いずれにしても止まらないで、走りながら直していくことが大切だと考えています。うちみたいな会社で年間何人かずつでも雇用はして、正直今までよりもいい大学の人たちがウチみたいなちっちゃな会社に入ってくれたりしてますし、うちの会社も毎年どんどんスタッフが増えていて、今までできなかったことができるようになってきて、常に変化を実感しています。
それは本当に小さな技術的なこととか、出会いもそうだし、人的なこととか資金面も含めたスキーム的なものも蓄積されてきたことで業界全体としてもブレイクスルーがしょっちゅう起きていて、感覚として1ヶ月に1個ぐらい新しいことがどんどん起きてるというか。

いとう　それ、すごいですね。

東　これからは温暖化で台風の大型化も進んでいくので、私たちも世界中で風速１００メートルでも耐えるパネルの開発も進んで、それがこれまで適地ではなかったビル屋上の強風にも耐える太陽光発電にも繋がったり。太陽光パネルは砂漠にもやっていく予定があるので、設置方法に関しても、アフリカなんかは太陽が赤道に近いからフラットに置いておいた方がいいんですよ。

いとう　電気をずっとつくっていられる。

東　そう、日中の発電量があまり変わらなくなる。それとさっきのペロブスカイト太陽電池は曇りの日のパフォーマンスがすごくいいわけで、これまで不適とされてきた都市部もパフォーマンスが上がったり、そうすると風力にも強くなってみたり。それと日光の質も変わってるのかもしれないけど、雪国でも両面発電する細型パネルを使ったりすると、もともと細いので雪も積もりづらいのに加えて、雪の反射で発電すると多少の温度差でさらに表面の雪が落ちやすくなる。トータルではこれまで発電量が少なかった雪国が、一番発電する地域に変わる可能性も秘めています。このように環境の変化や地域特性にも対応しながら、「もともとあった問題を確実に解決していこう」という姿勢なんです。

いとう 技術が変わると意外な未来が生まれる。

東 端的な話、福島の原発は津波を想定していなかったから事故になっちゃったじゃないですか。でも普通に考えたら日本で地震は起きるので、そういう揺れを利用することも考えてるし。そして温暖化していけば風がどんどん直撃型、大型化していくっていうのも普通に想像できるので、新しい風力発電機には羽がないタイプもどんどん出てきているので、それも使う。屋上や畑のソーラーシェアリングのまわりにそんな風力発電を設置すると、発電にエネルギーが変換されつつ風が減衰するので、システムにかかる風荷重が軽減できる。

いとう 全部エネルギーに変えてしまおうと。

東 そうです。社会インフラとして、できるだけ自然の生態系を包括的に見た、あらゆる形状を考えておいた方がいいんじゃないですか、という。もちろん完璧じゃないけれども、方向的にはそちらに向かってる。

いとう 打てる手は全部打っておくという。

東 そう、もうロックオンしてある。その上でいろいろな技術を入れながら、産業として雇用を賄うことも前提として、川があって飛び石みたいなのがあって、いつかは理想的な川岸に行きたいけど、今はどの道、どの飛び石をいけば、つまりロッククライミングみたいな、ボルダリングみたいな、そういう感じです。ルービックキューブであり飛び石であるというか、これはそういうゲームなのかなっていう。

いとう　今の状況だと、やれ「節電しなければ大変なことになる」、「原発再稼働だ」って「もうダメだ」って暗い気持ちになる。しかも「電気代はどんどん高くなる」、「新エネルギーの人たちが大変なことになってる」。でも今の東さんの様子は構えが盤石っていうか。「そんなこと、あるのはわかってたよ」的な。

東　そうですね。コツコツやるだけ。一喜一憂しない（笑）。

いとう　現状はこれ、どうすればいいんですか。

東　それはAとBの対立というか課題で。

いとう　ある意味、文明的な？

東　そこにXとかYというものを入れる。「自分の希望する社会」をいきなり脳内でつくっちゃって、ではそういう社会をつくるのに「今どう行動したらいいの」と逆算的に考えちゃう。そうすれば限界がきた状況とか、資本主義や炭素だってこれからは無理だとか、そういう今をネガティブに捉えるんじゃなくて、新しく考え直す。だってこれまでのやり方で限界がきたんだから、じゃあ「ダメ元で変えちゃってもいいんじゃない？」とか、どうせ追いつけないいんだったら他の人と協力しあったり、自分だけでは考えられないんだから相談したりして。

いとう　世界の人と一緒に。

東　ボーダーレスでやればいいじゃない？　と。今までなら「いや、東くんそんなのは理想だよ」なんて言われてたけど、今はむしろ「理想的な社会をつくれる時代になったんじゃない？」って思うんですよ。

いとう　うわー、それ、めちゃめちゃポジティブですよね。

東　そうですか？

いとう　それはきっと、東さんが実際にこの土地でちゃんと自分の体感でやってるから強いんでしょうね。僕なんかはイメージだけだから「ああ、もうダメだ。こんなんなったらみんなに再生可能エネルギーって言えないわ」とかって、ガクンとなっちゃうけど。

東　そういう意味では、今まさにそこにある自然エネルギーっていうものの中にいて、加速していってるので。

いとう　加速の具合を自分でわかってるから。

東　わかってる。強く感じていますね。それはある種、30年前から25年間ぐらいは逆風の中で生きてきたから（笑）。

いとう　こんな逆風たいしたことないんだ。

東　今、順風ですね（笑）。

いとう　えー、順風なんだ！　知らなかった。つまり、実際はものすごい勢いで再生可能エネルギーの可能性が動いてるってことなんですね。

東　京セラとか昭和シェルの太陽光パネルとかも40年近く前からあって、「これから温暖化くるから」って僕ら37年前から言ってたんですけど、誰も理解してくれなかった。「エコロジーってなんですか？」、「環境問題ってなんですか」みたいな、そこからのスタートだったので。

それが今、環境問題とか温暖化って、近所のガソリンスタンドでオイル交換に行ったたって「最近温暖化で暑いね」とか言ってて、「こういう時代になったんだ」と思って。だから僕からすると超追い風なんです。特に国内外のトップ経営者、この場所にもたくさんの企業の視察が来るんですけど、ＥＮＥＯＳの社長さん、副社長さんが来たりとか、サザビーリーグの社長さんが来たり。未来が見える社長さん、経済界のトップの人ほどリアリティを持って「これはやらなきゃいけない」っていう、それも本気度が違う。
だから、そういう人たちが変わってるってことは、もう完全に経済界のジャッジメントは下されてると思うんです。あとは「どう社会実装していくのか」っていう、具体的なテクニカルなことに今すごく集中できてるというか、だからもう最近はあまり説得しないんですよ。地球温暖化懐疑論とかってのもあるんですが、「いや、はい」、「ご苦労さまです」って、もちろんそういう考えの人もいていいかな、くらいのことで。

いとう　結局その日がきたか、みたいな感じなんですね。

東　今は助成金が増えて、みんなそれぞれに補完しあっています。この業界にいるとＦＩＴが終わったらＦＩＰだとか、ＦＩＰのあとはノンＦＩＴだとか、ずっと動いてきたのを見てきてるんです。ちょっと俯瞰すれば、ビジネスとしてもこの波は超えていけるのかなという気がしてます。

いとう　東さんが見当をつけてる境目って、何年ぐらいの感じなんですか。

東　２０２５年というのはものすごい大きいと思っていて、これから１、２年が夜明け前なのかなっていう。

いとう　じゃあ今、一番暗い時ですね。

東　はい、夜明け前（笑）。2024年になると地平線からこう紫色の光があがって、2025年にはもう「あれ？　いつの間に？」っていうぐらいに。

いとう　変わっちゃうって？

東　初日の出も待ってる間は長く感じるけど、8、9時になれば「もうすぐ昼じゃん」、「お参り行かなきゃ」みたいな、そんなのが2025年かなって。

東京オアシスとは

いとう　東さんは匝瑳市では、こういう風に大きな場所でソーラーシェアリングをしながら、農業とエネルギーというものを一緒にやっている。でも、この頃は「東京をどう変えるか」ということをものすごく意識してるし、やってる。それは未来の変化と関係あるわけですか。

東　関係ありますね。

いとう　2025年に向けて。

東　関係はあって、海外もそうなんですけど、将棋でいったら膠着した局面みたいなのがあるわけです。そこでは、とりあえず進められるところから駒を進めておくことが大事で、適当に時間を過ごしてはもったいない。そうなると先ほどの問題とも少し関係が出てきて、電気は今ウクライナのことやＦＩＴの構造的な問題も含めて高くなっているので、自家消費についてては悲しいかな、採算が合うんです。自分でつくれば採算が合いやすいので、日本だと東京というのは一番電気を食うところなので、ある意味東京の住居全部に付けても足りないぐらいで。

いとう　パネルが。

東　屋上とかでつくっても瞬殺でそのビルで使われちゃうので、それはみんな誰でも思いついてやってたんだけども、もともとビルの構造がそうやって使う前提で設計されてないんですよ。

いとう　この、追い風がより強くなっている社会においても。

東　そう。最初にビルを建てた人たちは、30年後にこんなにビルが増えると思ってないし、エネルギー用にデザインされていない。だからそこに太陽光を付ける側として、例えばビルがあって無秩序に室外機が置いてある部分がもしせめてブロック化、あるいはフラットにしておいてくれれば。

いとう　そこにパネルがドーンってすぐ置けますもんね。

東　だけど実際はそうじゃないんですよ。行くとびっくりするぐらい多様性がある。昭和50年、60年、平成だ、令和だとかでそれぞれで統一感がない。最近できたビルは緑化や太陽光とかもデフォルトで設計されていていいんだけど、他のほとんどはひどい状態なんです。ちょっと行くと心が寂しくなるというか、だけどこっちはそれを逆手に取って、「つまり変えればいいいんじゃん」という、それを〈東京オアシス〉って企画、緑化もするしハイブリッドで使っていく。

いとう　ハイブリッドというのは、消費用の電気もって意味ですか。そうじゃなくて風力とかってことですか。

東　消費用の電気もそうだし、クーラーの室外機の上でやると、太陽が当たらなくなって室外機がその分だけ冷えるんですよ。つまり省エネになる。そういう省エネの観点だったり、ソーラーシェアリングだってもともとは、ひとつの土地を太陽光発電と農業のハイブリッドという発想で。

いとう　エネルギーと農作物の「同時二毛作」と僕は呼んでます（笑）。

東　ええ、まさにそういうことなので、この場合は発電と省エネの「同時二毛作!!」。しかもその中でつまりクーラーの室外機を冷やすレイヤーと発電するレイヤーを一気にやる。おまけにできた電気はそこですぐ使っちゃうので、送電網への配線も必要ない。

いとう　その場で繋げばいいだけ。

東　だから、「発電したその場で使える」という太陽光発電の最大のメリットを考える時に電卓が一番優等生だと思ってるんです。昔はボタン電池を交換して水銀とかのゴミになっていたのが、あの小さな太陽光パネルがあれば済む。長い時間経っても、僕も今30年ぐらい前の電卓使ってるけど、いまだに元気に動いてますよ。

でね、〈東京オアシス〉っていうイメージは、「みんなでエコな都市をつくろう」というひとつのプラットフォームにしたくて、単純に太陽光パネルを屋上に付けるだけじゃなくて、他の再生可能エネルギーや環境技術もみんな協力して「東京全体も緑にしていこうよ」って。ついでにそれを海外に展開して、さらに最終的な野望としては都市部だけではなくて東京オアシス・ブランドでアフリカの砂漠緑化もやりたいんです。

いとう　世界を視野に。

東　日本の砂漠緑化技術は、すごくいいんです。オムツに使われるようなポリマーに水を含ませて、そこに種をまいておくと植物が生える。一定量の植物が生えると水分がキープされて、最終的にはその葉から蒸発した水が一番雲になりやすいんです。

いとう　雨になって返ってくるんですね。

東　しかもソーラーシェアリングはある程度土地を覆うことで、昼間は水分の蒸発を阻害するし、放射冷却っていう夜の間の水分の蒸発も防ぐので、砂漠だと都合がいいんです。

いとう　下からの蒸発を上で止める。

東　そうなんですよ。今までの経済発展の考えは、例えばミャンマーは社会主義で資本が入っていなかった国々にはテレビがなかったから、そこにテレビを売りましょう。ある国のマーケットが飽和したらまた次の国へみたいな。そして炭素も、温暖化自体に気づけないぐらいだったから出しちゃえ、とか。そういう、空き地というか物理的なマーケットの拡大キャパがあったところに対して何かを広げてくっていうのが、資本主義だったと思うんです。

　でも、そんな規模的かつ量的な拡大路線の資本主義はもう限界にきたということです。もうみんなテレビどころかスマホも持っている。だからそこでソーラーシェアリングを通じて、レイヤーの限界を乗り越えて、複数のレイヤーを重ねることで量的な拡大ではない、むしろエントロピーを下げていくような「まだまだ空き地とかイノベーションとかの経済余地はつくり出せる」ということ自体を伝えたいんです。

今までだと、「太陽光は面積がこれだけなきゃダメじゃないか」だった。それで単純にメガソーラーにしてしまう。でも、別の技術と合わせたら経済性が出る。物理的なレイヤーに加えて、機能としてのレイヤーも繋げていったらいいじゃない、というようなことでやっていく。そうして、今までの限界を超えていけるんです。

だから、こういう環境問題の課題を解決する手法はほぼ無限で、2×2は4、2×2×2は8、×2はまたその倍というように増えていく。となると、逆にその手前にある「どういう社会にしたい？」、「どういう風に生きていきたい？」というビジョンが最も大事になってきます。

いとう なるほど、そっちこそ重要だ。レイヤーの重ね方が変わってくるわけだから。

東 そうするとお金の問題、技術論、太陽光のさっき言った「どうデザインしていくのか」という社会実装の部分。そこで起きているのが意地悪というかひどい話で、電気の高騰ということとかも、「再エネを扱う新電力が損したお金はどこにいってるの」と言ったら大手電力会社にいっちゃっているんですね。

いとう　そういうことなんだ。

東　東電の小売り自体は同じように割をくってるんですよ。

いとう　元東電の梶山さんも言ってました。

東　でしょ（笑）。だけどグループとして一緒だから、全体としては儲かるようになってるんですよ。まあ、もし自分が大手電力会社だったら同じことをやってると思うんだよね。でも、そういうずるさは修正しないといけないことであって。だから再エネ系の電力小売会社はもっとトータルで、この何年かの間に得られた顧客との繋がりとかその他の魅力をきちんと組み直して、ピンチはチャンスなので、もう1回リストラクチャーする機会なんだと思うんですよね。

いとう　そうやってポジティブになる以外ないですもんね、考えてみたら。

東　どうせ良い点、悪い点があるんです。だから今、ノンＦＩＴ電源をどんどん増やそうとしているわけでしょう。太陽光の世界だと、イニシャルコストをとにかく下げることができれば、今みんなが思ってることの足かせが取れて一気に社会実装される。

いとう　ちなみにノンＦＩＴだとなんでコストが安いんですか？

東　ノンＦＩＴだからイニシャルコストが安いというわけではなくて、売価が発電側からすると相対的に高いので採算が合わせやすいんです。さらに様々なイノベーションが加わってイニシャルコストが下がっていくとより採算性が上がっていくので、今後急速に導入が加速していく見込みなんです。

いとう　なるほど。

東　それとね、ドイツとかだと西向きの太陽光はＦＩＴ価格が高いんですよ。南側がコスパがいいから南向きにつくる時に、「ウチは西にやるよ」って言うのは「他の人が発電しない時に発電してあげるよ」ということなので補償額が高い。

いとう　条件悪いところを引き受けますと。

東　「それはあんたが偉い」ということで高く買ってるんですね。

いとう　細かい設計になってる。

東　それは、日本で与野党とか、環境問題については何党とかで覇権を争う話じゃなくて、ドイツでは「みんなの問題でしょう」ということになってるから、ドイツの政治家もちゃんと考えてるんだよね。超党派で連続性をもって政策立案されていて、血の通った制度になっているんですね。細かい政策でも、それは僕みたいな人間からすると「考えてるな。羨ましいな」と思うわけです。そういうのがまだ、日本にはない。

いとう　それがバタバタって変わっていくんじゃないかっていうのが、東さんのビジョンですか。

東　まず2025年、イニシャルコストの壁がペロブスカイト太陽電池で、インクジェットプリンターみたいなのでジーコジーコやるだけなので崩れる。すごい可能性があるんです。そして今、世界で一番投資が集まってるのが蓄電池なんですが、テスラもすごいですが、蓄電池が一番、二番目に投資が集まっている。中でもこの日本発のペロブスカイト太陽電池が大注目で、世界中で年間3千本以上の論文が出ている。そんなものは過去ありません。宮坂先生は、すでに去年も一応ノーベル賞にエントリーはされてて、もういつ実際に獲ってもおかしくない。

いとう　もし獲れば、みんなが突然「これだと思ってたんだよ」ってことになりそうですね、日本（笑）。

東　ソーラーシェアリングも日本発の技術なので、ペロブスカイト太陽電池とふたつが日本から合体して世界の環境問題に貢献できたら最高だな……と。日本人ってやっぱり四季があるので感情が繊細なんだと思うんです。逆に海外の人は意志決定が早いとか、行動力があるとか、そういうのがいいところだと思うんだけど、日本には機微があるというか。

いとう　ちょっと影があるのがいい、みたいな？

東　そうそう。だから遂に日本から環境について、世界に貢献できる事柄が出てきた。おかげで「日本人も本気だよ」って伝わる。

いとう　それは素晴らしい。でも、早く「ペロブスカイト太陽電池」って名前を変えた方がいいですね。覚えらんない（笑）。

東　そうかも、確かに！

いとう　略して「ＰＳ」でもいいんだけど、なんかね。「ペロブスカイト」って言葉の意味もわからないし、「ペロスカ」って略すのもなんだし（笑）。早めに考えましょう！

東　コストの部分でもね、ペロブスカイト太陽電池はすごく安くて、システム全体としてもｋＷ10万円切る可能性が大なんです。10万切ったらもうＦＩＴは要らない。全部ノンＦＩＴでいける。自分たちでつくって売ればいいんです。２０２５年になると再生可能エネルギーまわりのいろいろな価格がガクンと下がるから、それまでは自家消費のところであればペイするし。

いとう　これから2、3年は「思想やヴィジョンをちゃんと広めておかないと」っていうことですね。また変な人が出てきて儲けだけに使おうとして、結果環境破壊になっちゃうから「それ、最悪だぜ」っていうのをしっかり共有しておかないと。

東　それは大事で「在り方」みたいなことが重要だと思っていて、そういう儲け中心の人たちに「自然エネルギーって、これは生き方のスタイルなんだよ」ということを伝えて欲しいんですよ。

いとう　ライフスタイルそのもの。

東　洋服でも「オーガニックコットンって何なの?」って言われたら「高いけど、それは農薬を使わないコットンの方がいいでしょう」という感覚。もちろんその上での産業でもあるから、当事者は経済的にもちゃんと成り立つように頑張らないといけないんだけれども。

いとう　そのバランスをつくるってことなんですよね、二十一世紀は。

東　ウチの会社の場合、定款に「株主配当しない」、「すべての利益は環境問題や地域コミュニティに還元する」って書いてあります。それも、たまたまウチは書いたけど、書いてなくたって自然エネルギーに従事する人たちはインフラビジネスに携わってるわけなので、「そういうマインドを持った人たちがやる仕事なんだ」と。そうやって誰かを喜ばせる人間なんだから。

いとう　公共性があり、尊敬される仕事というか。
東　そういうこともあって、来年は「ブルーカーボン」やりたいんですよ。
いとう　ブルーカーボン？
東　ブルーカーボンは、ワカメとか昆布の養殖をして、その下で貝類を育てるんですが、牛を1キロつくるのに77キロのCO2を使うけど、貝はいわばエコ生物で、0・6キロくらいで同じタンパク質をつくるんです。だからそういう海洋生物を育てることが炭素を減らすことになる。農業だけでなく漁業でもやれることを見い出していこうという。
いとう　へえー。貝、優秀ですね。
東　美味しいしね（笑）。しかもその過程でできた海藻を5％ぐらい牛のエサに混ぜると、牛のゲップから出るメタン量がすごく減るんですよ。
いとう　そうなんだ！　牛って問題になってますもんね。急に悪者みたいに言われて、かわいそうなんだけど（笑）。
東　まあ、そうやって新しい研究結果にしたがってアップデートできるマインドさえあれば、経験は常にプラスになる。だけど、過去に会社の中ですごい実績のある人が、学ばなくなると逆に阻害要因になっちゃうのはよくあることで、気を付けたいですね。

いとう　いわゆる老害ね。まさに日本が今抱えている最大の問題かもしれない。アップデートできないこと。だから、いつも柔軟であろうとすることは大事ですよね。

東　そうそう。僕の場合は自分の中でロックとサッカーと環境問題というのを区別してなくて、音楽やる人は好きだから諦めないし、やり続けるわけじゃないですか。僕の場合はそれが環境問題でその中の本丸がエネルギーなんで、だから今も自然エネルギーやってるっていうことなんですよね。

いとう　プレイしてるってことなんですね。演奏してる、遊んでる、やってる的な。

東　バンドやってるみたいなもんですね。時にはプロデュースまですると。

いとう　東さん、ほんと音楽好きだもんね。

東　特に僕、細野晴臣さんが好きなんです。僕が十七の頃に音楽雑誌で、細野さんが、いわゆる『ニュートン』とか理科系の本を読んでるっていう記事に出会って、しかもガイア仮説っていうのを細野さんが書いていて。それで『地球生命圏』という本を読んだら、「地球はそれ自体が生きてる」ってことが書いてあるんですよ。その考え方が面白いなと思って、そこから環境問題一本なんです。

いとう　ガイア仮説から来てるんですね、東さんの行動は。ニューエイジじゃないですか。

完全に当時の細野さんに影響されてる。

東　完全にそうですよ。「細」っていう字を新聞で見るだけでピクって（笑）。

いとう　だからパネルも細いのかな（笑）。

東　アハハハ！

いとう　それにしても、これまでのインタビューでは「もう一気にひどい世の中になっちゃって、出口がないんだな」と暗い気持ちに思っていたんですけど、東さんにお話を聞いて「あれ、これは何か突破口のための闇なのかな？」って。

東　本当に、そう思いますよ。

いとう　今は「悪魔よ去れ」って思ってる（笑）。

東　そして「春よ来い」みたいな（笑）。はっぴいえんどの曲ですね（笑）。

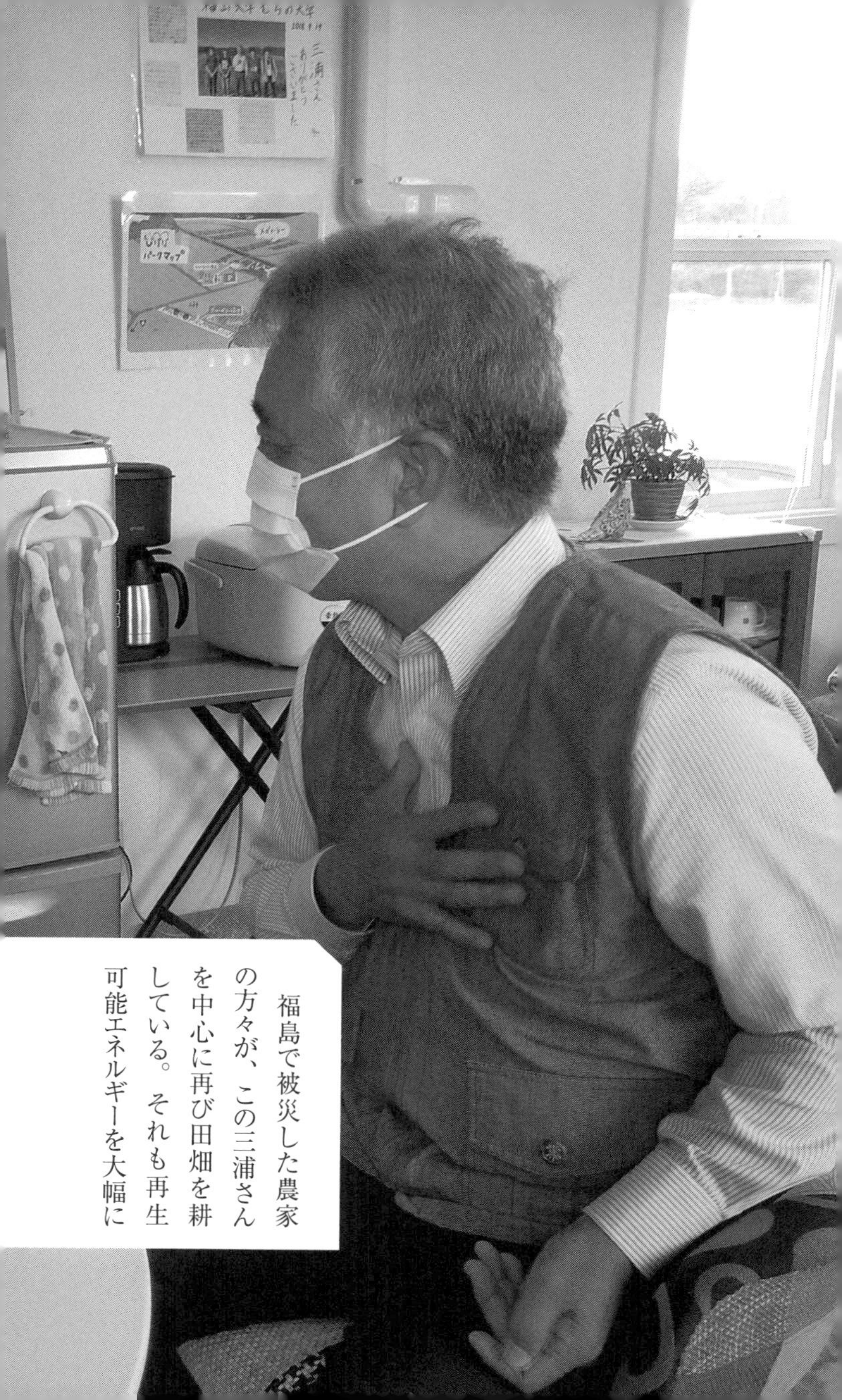

福島で被災した農家の方々が、この三浦さんを中心に再び田畑を耕している。それも再生可能エネルギーを大幅に

chapter 4

自給を高める 米の産直から電気の産直まで

三浦広志

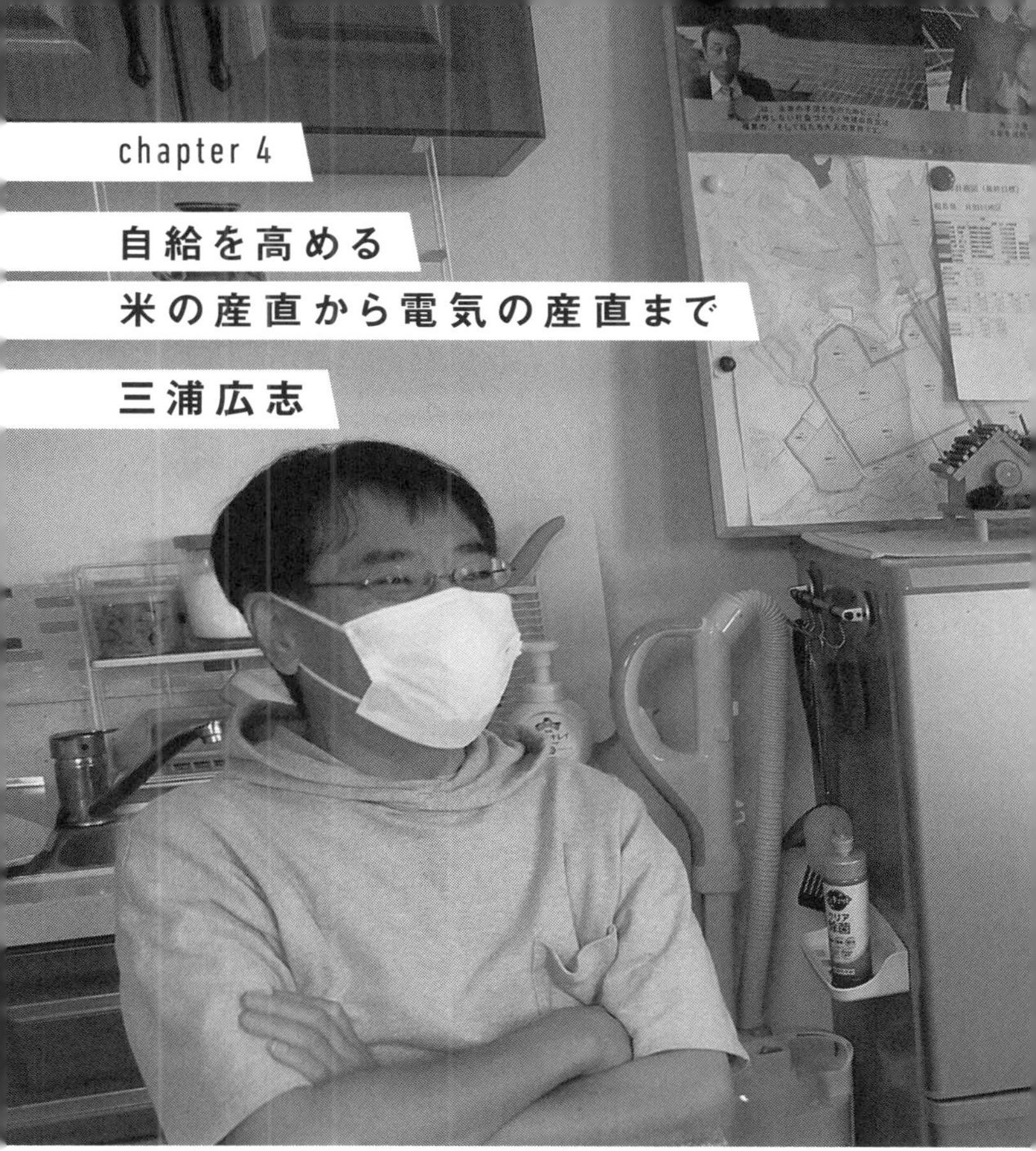

導入しながら。そうでなければ私たちの国の食物はますます自給の道を閉ざされてしまうではないですか。

　それより何より、三浦さん自身が持つエネルギーが何より再生型です。一晩寝たらまた元に戻ってる、どころか増えてるかも。

　国全体を覆う暗い雲の下、実地で動いている人たちのいることのありがたさ！

小高の農業

いとう　ということでよろしくお願いします。まずはそもそも、三浦さんがここ福島県南相馬市小高区で、あの東日本大震災の日まで何をしていたかっていうところからですが。

三浦　はい。ちなみにあの日は相馬で税金関係の用事を済ませていました。そしてそれまではということになると、今いるこの事務所の隣がもともとは自宅だったので、そこに住みながら専業農家として鶏飼って米と野菜つくって、ヤギも合鴨も飼ってみたいな農業をやっていたんです。

いとう　畜産も多かった。

三浦　僕、大学が畜産科なんですよ。

いとう　あ、そうなんですね。

三浦　もともと子どもの頃から30歳ぐらいまで、うちで豚を飼ってたんです。しかも僕は岩手大学の畜産科で、豚の精子と卵子の研究をしていましたから。

いとう　豚の専門家。

三浦　たいして専門的なことはやってないけど、でもそのうち豚も飽きたからお米の産直をやりはじめたりしました。とはいえ、家畜を飼ってないと「なんかさびしいよね」ってことになって、理想的には「有畜複合経営」と言うんですが、家畜を飼いながらトータルで地域循環させながら。

いとう　糞は畑に撒いてとか。

三浦　そう、そういうやつがやりたくて、両方を続けてたんです。

いとう　農業、畜産業も含めて全体で回していくっていうことが、最初から三浦さんの頭の中にあったんですね。

三浦　要は循環型というか、「それが農業だ」という風に思っていました。生まれた時から牛や馬を飼ってたり、すでにそういう環境はあったので。

いとう　代々、ということですか。

三浦　いえ、代々ではないんです。ウチの父親は祖父母の代から福島県に移住しまして。父は目黒村生まれなんですよ。三軒茶屋あたり。ジイさんはエビスビールに勤めたり、電車の運転手をやったりしてて。

いとう　わ、モダンですね。

三浦　ばあちゃんは三軒茶屋でタバコ屋やってた。

いとう　そうなんだ（笑）。東京人ですね。

三浦　それで第二次世界大戦の時に、ウチの父が小学生だったんだけど、福島に疎開して来て、移住者というか避難者としてまわりからもいじめられて。東京の子どもということでね。当時は飢えてさつまいもの蔓まで食ったとか言ってましたけど、戦後はもう東京の土地も接収されていたので、無理には戻らないということになり、「農地のあるところで食べ物を食べたい」ということなんでしょう。それで「ここに小作人も逃げ出す農地が空いている」ということで、この場所で農業をはじめたんです。

　一方、小高のこのあたりはもともと海だったので、ウチのお袋の家系が4代前から移住してきて、みんなで干拓して農地をつくって、米をつくって、食えなくて、小作争議とかやっては、地主と戦ってたそうですよ。

いとう　アハハハ！　今と全然変わんない（笑）。

三浦　そう（笑）。問題があれば戦う、という人たちでした。僕はというと、高校で「これから何をやろうかな」と思った時に、「よく喋るから落語家になろうかな」とかいろいろ考えていたんですけど（笑）、自分が幸せになれるのはなんだろう、やっぱり「食べるのが好きなので農業だろう」と。

大学入試で、理系、文系を選ぶ時に一晩考えて急きょ「農学部を目指す」ということになって、担任の先生からは「お前の適性は文系だぞ」って、えらく反対されました。でも貧乏で国公立しか行けなかったもんですから、岩手大学を目指しました。そこだと社会も国語も2科目受験科目にあって、普通理系の人ってそういうの苦手じゃないですか。僕はもともとそっちの方だって言われていたので、「岩手大学しか受かるところはないだろう」と。で、うまく通りまして、そこでちゃんと勉強したかどうかは別として、戻ってきて即、農業をはじめました。

いとう さっきの話だと家畜も飼って。

三浦 でもね、面白くない部分もあるんですよ、豚飼ってると。

いとう え？（笑）。

三浦 要は、輸入した飼料を食べさせて小屋の中にずっといるじゃないですか。それで育てて、屠畜して肉にしてという、延々とその繰り返しなわけですよね。変化がないし、アメリカとかからトウモロコシを買ってやってても「これって安全な食じゃないよね」というのもあって。当時のことですが、餌に抗生物質が混ざってたりするんです。僕はそういうのダメで、そばにいるだけで具合悪くなっちゃう。

だから、できるだけ肥育用にも抗生物質を絶対に入れない飼料で、それを長く食べさせることにして、肉も毎月2頭ずつは産直っていう感じで。そして屠畜場に持って行って、1キロずつにカットしてそれを消費者に届けるみたいなのをやってたんだけど、やっぱり面白くないんですよね。

いとう　納得がいかない？

三浦　そう。どうせ豚を飼うなら、すごく少ない数を飼って自分のところで採れた飼料を食べさせてやるべきだろうと。そうすれば抗生物質も入らない、農薬もいらないから、それだったらいいんですけどね。ただ生活が成り立たない。なので31歳ぐらいで豚はすっぱりやめて、その年からお米を産直にしたんです。その前までは農協にしか売っちゃダメで、自分で売ることができなかった。

いとう　制度が変わったんですね。

三浦　はい。法律が変わって、それまでも豚であったり野菜であったり、いろいろな消費者と繋がっていたので、改めて自分でつくったお米を持っていくっていうのをやって、1年目から全量販売できました。完売。それ以来、農協には一俵も売ったことがありません(笑)。

いとう　さすが、農民連所属（笑）。

三浦　次の年ぐらいから農民連でも全国的な産直展開をはじめたんですけど、僕はその前の年からやってたので、「やって本当に大丈夫なの？」って農民連の役員たちに聞かれました。

いとう　そこはもちろん、ちゃんと法律を読んで。

三浦　「農協に逆らって大丈夫か？」、「お金が借りられなくなったらどうする？」とかあったのですが、「問題ない、問題ない」って。ただ、産直をやりはじめてどんどん大きくなっていったら、農協が最初は2％でお金を貸してくれていたのが、年々金利が高くなって、最後は5・5％まで上げられて「ふざけんなよー」みたいなね。もう、頭にきたから農協からは借りず、当時大手町にあった農林中金と直接取り引きして、そしたら農協から怒られちゃって（笑）。

農林中金は低金利で貸してくれたから、2ヶ月に1回ぐらい東京に行って。で、いつも「状況報告してくれ」って言われてたんで、僕はそこでよく延々と世界の農業の状況を喋ってました。だんだんと聞く人が増えましたけどね（笑）。

いとう　三浦さんらしいですね。そもそも、ここ小高のまわりにも農家はあったわけでしょ？　足並みはどうだったんですか？

三浦　農家はいっぱいありました。うちの集落で60戸ぐらい、地域全体だと基盤整備事業に180戸あって、その人たちも一緒に。

いとう　すいません、基盤整備事業って？

三浦　農地を一度所有権ごと白紙に戻して、作物がつくりやすいようにつくり直す工事です。つくった後はもう一度所有権を振り分けますけど。

いとう　ああ、なるほど。産直も？

三浦　その人たちはもともと全部農協に売ってた人たちで、僕と一緒に産直やりはじめたのは20軒ぐらいです。

いとう　そういう仲間もできてたんですね。それは三浦さんが説得して？

三浦　説得したというか、「農民連で産直やるけど一緒にやらない？」って会員になってもらって。それで一緒に産直の方法とか、米のつくり方の勉強会とかもやって。

いとう　新しい運動を共にはじめる感じ。

三浦　そうですね。前は農協にしか売っちゃいけなかったわけだから、まあ異端ですけどね（笑）。

いとう　そういうのをやりがち（笑）。
三浦　そういうのが大好きで（笑）。
いとう　でも、結果うまくいくわけじゃないですか。モノがいいから、消費者も喜ぶってことですかね？
三浦　そうです、そうです。ちゃんと「どうやったら美味しくなるか、健全に育つか」とか、そういう勉強会をやってたから。そもそもここね、お米が全然美味しくなかったんですよ。
いとう　小作人も逃げ出すって言われてた土地なんですもんね。そういう場所で仲間をつくっていって、ここが農地としてひとつの拠点になったところに、しかし3月11日が来る。
三浦　そうですね。
いとう　津波によって全部流されるわけですね。家とかも？
三浦　この場所の家は津波対策をしていたので一応残ったんですけど、その隣にあった家も半分ぐらい沈んで、逃げ遅れて人が残っちゃってたんですよ。それで次の日に僕が来て助けて、川の向こうはウチの母の実家もあったんですけど、基礎だけ残して全部流されて。
まあ、壊滅ですよね。
いとう　潮が大量に入ってきて、さらに放射能。

三浦　もうひとつ困ったのが、水が溜まったままだった。

いとう　引かなかった？

三浦　この川の一番海側にあった水門が地震で落ちちゃって、高いところで水位が保たれてしまって、水が海に流れていかなくなったんです。この一帯に200ヘクタール近い海が新たにできて、さらには原発が爆発しちゃって強制避難ということで逃げ出さなきゃならなくて、後始末ができない。それで翌年の7月ぐらいまで、広域が海のままでした。

いとう　手が出せなかった。

三浦　最初は遺体捜索で、建設業者さんとか自衛隊の人たちがポンプで水を汲んで作業してくれていたんですけど、あとはもうみんな撤去してそのままの状態で。年が明けて2月頃には白鳥と鴨が何十万羽も、ここで泳いでて。これはもう観光地にしようと思いました。農地は全部買ってもらって、ここを海に戻して、壊れた原発の跡と連動で歴史を刻むような観光地にして。

いとう　いわゆるダークツーリズムの発想だ。

三浦　そうかもしれませんね。でも当時はこの場所に対してはそういう気持ちでしたね。ここの家はちょうど残ってたので船宿にしてって、そういうお願いをしたんですが。

いとう　誰にお願いするんですか。

三浦　県の担当の職員が来て、「ここどうしますか?」って聞くから、「もう海に戻しちゃおう!　誰も何もやんねえし」みたいな。

いとう　ただ呆然としてたわけじゃないんですね。

三浦　だってもう、すぐ次のこと考えなかったらやってらんないじゃないですか。

いとう　そうですよね。もはや手元には何にもないんですもんね。

三浦　楽しくないじゃないですか。

いとう　すごいなあ。

三浦　でも、すでにここを農地に戻す予算を国からとってたんで、「三浦さん、いくら取ってきたと思ってるんですか」って。実はそもそも僕らで交渉して、震災前に農地として200～300億円を確保してるんですよ。何のためかっていうと、大柿ダムっていうのが浪江にあるんですが、そこから水を引っ張ってきてすぐそこの川の土手を高くして、洪水、日照りとかがひどかったので、それをなくすために工事をすることになっていたんです。

でも、なかなか進まなくてね。大雨や台風がくると洪水になって、稲が毎年黄化萎縮病っていう病気になっちゃうのが続いてて、僕らも「なんとかできないのか」と。国会議員さんが交渉しても、「今年10億つきました」って言ってくるけど、それ単に調査費なんですよ。だから「根本的にやれないと困る」って、僕ら農民連で直接交渉に行ったらなんと260億の予算が付いちゃって。

いとう 三浦さんたちが行くとそうなるって、なんでかなあ（笑）。

三浦 よくあるパターンです（笑）。

いとう きっちり理屈も詰めてるからだろうけど。

三浦 水害が慣習的になって、稲にも被害があると。それを交渉で話して、写真も見せて話したら、上部の基盤整備という、田んぼを大きくする工事と川の工事を連動させてやります、と。

いとう それは建設省に行って？

三浦 いえ、交渉は農水省とやったんです。その後に「これは農水省じゃない、建設省だよ」という話になって、繋いでもらって。

いとう しかしそれが津波でやられちゃった。でも、県としてはいくらかかったと思ってんだと。

三浦　だから「どうしたって農地に戻すしかないんだ」と県が言うわけです。

いとう　変な板挟みですね。

三浦　でも僕ら農家はみんな「もうやれない」と。

いとう　水はこんなに引かないいんだし。

三浦　問題は、田んぼのかたちと水路がちゃんと元に戻ることが大事で、それさえできれば農業は再開できるだろうと。でも結局、原発事故でみんな避難しちゃってもう戻れないと思ってたので、できないと。それでも県は、「事業者をどこかから見つけてきてもやります」って言うわけですよ。

「担い手さえいればできる」、「協力してください」っていうから、ここにいたメンバーのハンコを私の音頭で押させて、「じゃあそっちも頑張ってね」とか言って終わったんだけど（笑）。で、結局2014～2015年頃には「本格的にここをなんとかしなきゃならない」ということになり、僕は家もそろそろ取り壊さないといけない時期だったのと、太陽光パネルは2011年からやりはじめていたんで。

被災した農地に太陽光パネルを

いとう　え、3・11の年に、すでに太陽光パネルを導入していたんですか?

三浦　津波で、海のそばの倉庫に入っていた8600万円分のお米が、全滅したんです。そのお金を返さなきゃならなくなって、ところが120人ぐらいいたウチの組合も、そもそも半分以上が農業できなくなってたし「何か別の財源見つけよう」ということで、ちょうど新聞に「太陽光発電に補助金が出る」みたいなのがあって。福島県庁の裏の杉妻会館で説明会があるっていうから、ウチの職員をひとり派遣して「聞いて来い」ということで。でも、そこの説明会に来た人がほとんど東京の会社の人で、地元福島の人間はウチを含めて2社しかいませんでした。

だから「復興のための補助金だから福島県の企業が優先だ」って話になって、経産省に応援してもらいました。農家の屋根と農家が持っている農地じゃない土地、「雑種地」って呼ばれるところ、道路の土手だったりそういう場所を募集して、まず最初に太陽光を500kWぐらいやったんです。FITで1kWの売電価格が40円から36円でした。農家も大変だからちゃんとお金が回るように、発電施設は農事組合法人で、借金したり東電からの賠償金を使ったりして建てて、農家にもお金が回って法人の借金返済もできるような仕組みをつくったんですよ。そうしたら「意外と儲かるな」って（笑）。

いとう　何千万の赤字が、発電のお金でうまくいったんですか。

三浦　最初に設備する間ってお金ないじゃないですか。だから、「賠償金をそっちに払え」って言われたんだけど、そうしたらなくなって終わりなんですよ。だから待ってもらう期間をつくろうと思って、「こういう制度にしてくれ」というのを農水省の金融担当を呼んで、説明をして「金融庁に繋いでくれ」と。

いとう　この人は政府を全部使うよ（笑）。

三浦　使います。そうしたら金融庁の担当者がそれを全部やってくれて、「言った項目は全部入ってるじゃん」と思って、だからウチが認定1号なんですよ。

この時に「東日本大震災事業者支援機構」というのをつくって、その第1号になって、農業法人として5年間元金を返さなくてよくなって、その間に太陽光発電をつくっていって、そこから10年かけて払うということになって。最初は金利1％とか言ってたんだけど、「こんな大変な状況でそれはないだろう」と話してたら「じゃあ、0・4％にしましょう」みたいなね（笑）。

いとう　すごい（笑）。どんどん解決させていく。

三浦　その制度でとりあえず元金は待ってもらえるから、その間に太陽光発電をやって「これだったら儲かる」ってことになって、それぞれの農家にも「つくるならバックアップしますよ」とかやっていて。

それが2014年になって、今度は南相馬市も含めて「ここをなんとかしたい」ということで、農家の人たちと農水省に行って。そうしたら「今、福島県は特区だから市長がOK出せば農地も転用できますよ」と言われて、南相馬と交渉してここも「復興整備計画」というのに位置づけてもらって、それでさらに太陽光パネルを並べたんです。ついでに経産省の補助事業に応募して、3分の1は出してもらえるということになって。だから、ちゃんと地道に交渉してるんです。

いとう　地道っていうか、すごい活躍（笑）。水害に放射能にという中、下なんか向いてないで、そこにある制度は全部上手に使うっていうことをやったんですね。

三浦　最初は市の職員の人たちも、あの人たちはとにかく断るのが仕事だから「ダメだ、ダメだ」って言われて。復興の課長にいたっては、「私の目の黒いうちはやらせません」とか言われちゃって。その後その方には、ちょっと人事異動してもらって（笑）。

いとう　アハハハハ！

三浦　それで、経産省も補助したので、ずっと滞ってた問題がすべてＯＫになって、南相馬で住民が主体の太陽光発電事業が進みました。

いとう　農業が壊滅的だった時に太陽光パネルでなんとかするっていう、まずはそういう考え方を進めた。

三浦　結局ここに太陽光パネルを設置して、農地に戻るまで人を雇って、そうしながら農業ができる人を育成していくというプロジェクトというか。そういう物語で僕らは経産省からお金をもらったので。

いとう　そして、〈合同会社みさき未来〉をつくって。元は広い家だったところにこの小さな事務所をかまえた。

三浦　そうです。最終的にはうちの息子と、娘夫婦がメンバーになっちゃいましたけど。

いとう　で、水は翌年にはポンプで抜いて？

三浦　２０１２年の４月15日に警戒区域という縛りが解除されて、中に入ってよくなったんです。そこからポンプで汲みはじめてくれたので、7、8月頃には水がなくなりました。ただ、住んじゃいけない地域ではあったので、さすがに僕らも農業はできないだろうなと諦めかけていたんです。でも「何かはできないかな」と思ってたので太陽光パネルに流れた。だからね、ここの住民の人たちが「ついに動きが出た」って、みんなニコニコしながら言ってくれたの。パネルを並べただけで。

それで事業を続けてたんだけど、2017年になったら県から「やっぱりダメでした」と。要するに、「事業者をどこかから連れてきて基盤整備やる」って言ってたけど、避難指示が解除になった2016年の12月に僕ら集められて「やっぱりあの計画はできませんでした。あの時の担当者はもういません。もともと基盤整備事業っていうのは、私たち県が主体となってやる仕事じゃないんです」と。

いとう　ひどいなあ（笑）。

三浦　そこからみんなで集まって、半年ぐらいは「誰がやる？　誰がやる？」って。「ここで農業やる」なんて人間はいなかったんです。でも、すでにパネルは並べてしまっていたので、半年ぐらい後に「オレやるから」と僕が言いました。

いとう　最終的には三浦さんが手を挙げた。

三浦　ただ、それまで誰もやるって言ってなかったのに、突然「オレらもやっていいかな」みたいな声が出はじめて。それは、僕がやるっていうことは儲かる見込みがあるってことですから（笑）。

いとう　みんな、明るくなったんだね。

三浦　なので法人をもうひとつつくって、僕が60ヘクタールちょっとやって、他の人が40ヘクタールちょっとやって、すると「110ヘクタールを全部やるのは大変だな」と思ってたけど、60ぐらいならなんとかなるなと。東京ディズニーランド1個分ぐらいだから（笑）。

いとう　いや、それ広いでしょ（笑）。

三浦　いえいえ、そのぐらいならなんとかなるかと思って、今最新の農機具を補助してもらっていっぱい導入して、ロボットトラクターとか全部うちの倉庫に揃ってます。まだ動いてないけど（笑）。

いとう　ある意味大勢が「やらない」って言ったから、一本化できたっていうことですよね。バラバラの権利だった農地がまとまった。

三浦　そうですね。それでここに、基盤整備をやる時の財源としてメガソーラーをつくってもらったんです。基盤整備事業は、だいたい40億ぐらいかかります。そのお金は国が出して、その事務経費として2％は地元負担っていうのがあって、すると8千万円を自分らで出さなきゃならない。でもみんな避難してるから、出したくないわけですよ。
まず、僕ら収入がないじゃないですか。誰も農作物つくってないのに、費用だけはどんどん発生していくわけです。埋め立てなきゃならないとか、今度ライスセンターをタダでつくってもらうんですけど、これだって2億円なんですよ。

いとう　ライスセンターって？

三浦　収穫したコメや大豆などを乾燥して袋詰めする施設です。

いとう　それをタダで（笑）。

三浦　厳密には借りるんですけど、それは国の予算でつくってもらうわけですよ。その他に倉庫と機械も2億円ぐらいなんですけど、これもタダで借りることができる。さらにここに、メガソーラー会社からの寄付金で、8百万×20年だから2億近くの金額がきます。それらを使いながら、誰もいなくなった農地を再開していく。これ、後からやったのでは誰も出してくれないわけですよ。

いとう　後からとは？

三浦　要は、農業をやりはじめた後から「これ足りないから出してくれ」と言っても。

いとう　最初のビジョンが大事だってことですね。

三浦　ビジョンをつくって、「こういう風に農業をやっていく」ということで、その時にちゃんと資金が入ってくるような仕組みをつくってしまえば楽じゃないですか。
いとう　たぶんまたズバッと言ったんでしょ、役所に（笑）。
三浦　そうですね（笑）。
いとう　「それはしょうがないな」ってなるロジックで交渉する。
三浦　交渉って僕、30分から1時間しかしないんですよ。だいたい農水省でも市でも県でも、だいたい1時間喋るとみんな協力してくれます。
いとう　ほんとに？（笑）。というか、最後の最後までどっしり粘ってるから「ちょっと待ってください三浦さん。この手がありますよ」って言ってくるんでしょう？
三浦　そうです。
いとう　交渉術がある。
三浦　交渉術というか、誠心誠意（笑）。そして、物語をちゃんとね。
いとう　筋道通して。
三浦　ストーリーがちゃんとあって、それに対して納得してくれてるから「それだったらこういうやり方もあるし、こういう補助金もある」というのを逆に各方面で提案してくれますよ。こちらも「じゃあ、そっちの方がいいよね」って即座にその場で決めてしまうので、それはそれで交渉術というより、真摯な物語を僕らが公務員の人たちに、それこそ彼らが考えている物語をさらにいいビジョンで上書きしてあげるわけです。すると彼らにとっても成功した方がいいから、あんまり拒否されないですよね。

いとう　三浦さんみたいなことをしてる人、政治家にもいないんじゃないですか。原発もまたやるって言い出してるんですよ。福島がどんな目にあったと思ってるんだと。

三浦　「なんで未来を見ないのかな」と思うんですよ。

いとう　まさにそこです。未来。

三浦　だって、原発を今再開したら、また何十年間かはリスクを伴った時期が続くわけじゃないですか。本当は原発なんかやめるって決めて、再生可能エネルギーをバーッと広げていけば良かったのに、突然、10年も経ってないうちにやめちゃったでしょう。「未来を見る力がないのかな」って思っちゃうんですよね。

いとう　本当に。物語をつくる力がない。

再生可能エネルギーで自給を高める

三浦　再生可能エネルギーはちゃんと装置さえつくれば、すべて国内で供給できるエネルギーですよね。そしてそれは自給を高める。農産物もそうですが、「自給を高める」ということが循環を良くする。「持続可能」が本当に可能になるのはそこなんですよね。外国とは、足りない分は取り引きしてもいいですが、自分の国でもできるものを輸入する必要はないし、それこそ温暖化に貢献してしまう。

いとう　安全保障的にもいい。

三浦　そうなんです。だからそこを追求した上で、昔できなかったことが今は技術の発展で、できるようになっている。昔であれば原発とか火力でやるしかなかったけど、今はちゃんとこうして電気を起こせているわけで。

いとう　現実に三浦さんはやれている。

三浦　そうなんです。それは、屋根でも壁でもビルでもできるわけです。もしみんながやりはじめたら、東京が一大発電所になっちゃうわけです。それがなぜ昔に逆戻りして、未来のない原発再稼働にいってリスクを高めるのか。処理もできないゴミを出す、まったく

ＳＤＧｓじゃないですよね。

いとう　ＳＤＧｓじゃないし、現実にひどい目にあった場所があるんだから、みんなわかってるわけじゃないですか。

三浦　ここはもともと2キロ先に東北電力の原発予定地があって、40年、50年、反対をしたおかげで建てられなかったんです。だけど、僕らもただ反対してたわけじゃなくて「爆発したらどうなるか」とか、そういうのって僕も20代の頃だから、この辺のみんなで勉強会もやってたわけですよ。

いとう　ああ、そうだったんですね。

三浦　だからあの爆発が実際に起きた時も、「次はこうなるね」、「最悪のケースはこうだよね」、「半径３００キロだから東京まで壊滅するよね」、「その向こうが高濃度汚染地帯になるから、とにかくできるだけ遠くに逃げて、その距離を伸ばそう」っていうのを、最初から想定してたわけですよ。

その後に状況を見てたら、まだ水素ガス爆発しかしてないから「最悪のケースは免れた」と。だから戻ってきて、線量測って「ここでまた農業やりましょう」ということでやってるんです。僕らが県に働きかけて、福島県で穫れるお米を全部放射能測定したんですから。

いとう そうそう、それは言わなきゃ。全量検査ですよね。

三浦 あれ、僕の提案です。

いとう そうしたらやっぱり、消費者も安心ですもんね。むしろ他県のものより安全。

三浦 つくる方も安心だし、消費者も安全を確信できる。本当は、国は「サンプル検査でいい」という、最初はそういう指示をしたんですよ。県も国が言ってるからということで、1年目はサンプル検査でした。それで安全宣言を県知事がしちゃったら、その直後くらいにあっという間に500ベクレルを超えるお米が直売所で見つかっちゃって、「だから言ったじゃん！」って。僕は県にずっと言い続けてて、県も次の年から「やっぱりやることにしました」ってなりました。

ワンセット3千万する機械を200台、福島県内全域に入れて、全部測りはじめた。行政とか農協が「そんなの大変だから」って反対してたのを、県の課長が私に説得させたんですよ。「三浦さん、言い出しっぺなんだから、行政も農協もやりたがってないから説得してくれ」って言われて、1台プレゼントされて〈恵み安全協議会〉っていう委員会に入れられて、まだ建物も何もなかったのに、機械だけよこされて（笑）。しょうがないから農地を新地町に借りて、倉庫だけ、これも国から82・5％の補助金をもらって建てたんですけど、そこで突然全量全袋検査をやりはじめて。

いとう　いや、やっちゃうのがすごいんだよね（笑）。やってみせちゃえば、みんな「できるんだ」ってなる。

三浦　広げる力は、行政にはあるじゃないですか。でも行政って最初「できない」から入るんですよね。だから市と交渉してると絶対に「できない」になっちゃうんで、そのまま霞が関行って交渉しちゃう。すると「じゃあ、とりあえずモデル的にやってみる」という話になる。それで「やりはじめるよ」と言うと、「勝手なことするな」ってクレームが入ってしょうがないから、県と霞が関に電話して「市が復興の邪魔してるんだけど、どうしてくれるんだ」って話をしたら、「今から電話します」って電話してくれて。すると次の日の朝9時に、「やっていいです」という電話がくる。

いとう　アハハ（笑）。

三浦　とにかく、そんなもんなんですよ。

いとう　実はそんなもんなのに、そもそも誰も交渉しに行ってないってことが三浦さんを見ているとわかる。

三浦　言えば動くんです。でもみんな我慢するじゃないですか。僕は我慢できない体質なもんだから。

いとう　そうね（笑）。我慢できないっていうか、ポジティブな未来を考える力があるからじゃないですか。

三浦　うん。なんて言うか、喋ってるうちに「明るい未来は、こうやれば来るんじゃないか」とか思っちゃう。

いとう　そこなんですよ、三浦さんを見習うべきなのは。

三浦　じーっとしてると何も湧いてこないんですけど。

いとう　「何とかなるんじゃないか」、「じゃあ、方法を見つけよう」になるじゃないですか。「何とかならないよ」ってはじめに思っちゃうから、原発つくって「元のとおり儲けようよ」って霞が関はなっちゃう。他の方法がいっぱいあるはずなのに。

三浦　だから制度ってね、ちょっと言うと変わるんですよ（笑）。

いとう　説得力あるなー。

三浦　言えばちゃんと変わってくれる。それも、僕が20キロ圏内にいたことがひとつ大きなことでしたけどね。避難させられてたり、農地もそういう状態だったりで。だからこそ東京電力との交渉でも膝詰めで、賠償の基準をつくりましたから。向こうとの折衝で「農業をはじめる確約がないと賠償しない」とかいろいろ言われたけど、基本的には「被害額をすべて賠償する」ということになって。報道ステーションにも出させてもらってね。

いとう　メディアの力まで使いはじめて、とんでもないですね（笑）。

三浦　「非課税にしろ」っていうのを言ってたら、ちょうど報道部から来たんですよ。「それで番組つくりたくていろんなところに問い合わせたけど、誰も喋ってくれない」って。それで3分半くらい喋らせてもらって、絶対生放送はダメですけど。

いとう　危ないからね（笑）。

三浦　ＮＨＫの取材でも毎回「生放送で出てください」って言われるんだけど、「それ企画潰されるから無理だと思うよ」って、いまだかつて一度も生放送は出てません。

いとう　そういうところは三浦さん、自分をわかってんだよね。締めるところは締める。

三浦　さっきの復興組合の話もすべてそうですけど、動いて、それが国とか行政で認められて制度ができるまでは僕が交渉するんだけど、結果他の人すべてにも恩恵が行き渡るわけじゃないですか。そういう意味では、地域貢献もかなりしてますよ（笑）。

いとう　つまり「こういうことがしたいから」っていうのがまずあって、それにはどうしたらいいいか、そうか「これに関しては金融庁に行ってみよう」って自然に筋道ができる。

三浦　あんまり深く考えてないんですよね。その瞬間、瞬間で「これが一番いいな」と思うことだけ言ったり動いたりしているので、そういう意味では「自分の感性に従って生きている」っていう感じですかね。

いとう　ちなみにこの辺は、放射能はどうやって抜けていったんですか。

三浦　海のそばって、ヨウ素は高かったんですけど、セシウムは風向きで西の方に流れたので、このあたりは数値が低かったんですよ。で、ヨウ素は8日間が半減期なので、2ヶ月も経つともう放射線量は出てこなくなる。小高は原発から15、6キロなんだけど、最初に測った時で0・25マイクロシーベルトぐらいでした。一方、東京の東京電力本店前は0・28だったので（笑）。でも、福島市へ行くとすごく高かったけどね。それは放射性物質が風に乗ってどっちに飛んだかなので。

だから、どこが危ないかをちゃんとハッキリとさせる。米だと面で、福島県全域のデータがとれるじゃないですか。やった結果「どこが線量が高かったか」を分析できて、放射能が米にいっぱい残ったのは上から降ったのと、カリウム不足の田んぼだとセシウムがお米に上がっていくことがわかった。

カリウムとセシウムって性格が似ていて、元素記号でいうと近いんですよ。だからカリウムが不足してると、本当は稲もカリウムを吸いたいから、似てるセシウムを吸っちゃうっていうのがわかって。それで福島県内の農地に全部、塩化カリウムって肥料を撒いたんです。それをやったら全然出なくなっちゃって、「これで対策OKじゃん」という。

いとう　なるほど。

三浦　「農家がプライド持って農業をやりたい」、「身を安全にしたい」、「食べるものをちゃんとしたい」というのをちゃんと全部系統立てて、それには「これをやればいけるな」みたいなのをひとつひとつ積み上げていったから、僕らは早い時期にやれたんです。もう、事故の翌年からやっていますから。一気に対策までいきました。

いとう　すごいスピードで。そして、これからまた新しいチャレンジがはじまるわけじゃないですか。どういうビジョンなんですか。

三浦　ちょっと外へ出て、土地を見ながら話してもいいですか？

いとう　もちろんです。行きましょう。

農家の新しいライフスタイル

三浦　ずっと向こうの北側ではすでにブルーベリーをやっていて、来年から別の場所で米をつくります。あとはオーガニックコットンと大豆をもう蒔いてます。

いとう　やっぱり有機で。

三浦　そうそう。でも、ここ全部農業でやったって楽しくないじゃないですか。

いとう　え、そうなの？

三浦　要は「復興って何か」っていったらここに人がいっぱい来ることじゃないですか。いろいろな人が来ることで、例えば「ここで農業やってみませんか」って。例えばいとうさんがここで農業やりながら、音楽

活動をやってもいいし、そういうのを「半農半X」っていうので、農業をやりながら何か自分のやりたいこともやってもらうという。

いとう ライフスタイルを実現できるフィールドにしていく。

三浦 畑1枚で、売上は「3ヘクタールで300万円」として、すでに機械も揃ってるわけだからそれを借りながらやれる。農業をロボットトラクターでやるのも楽しいでしょう?

いとう 世界最新鋭ですもんね。

三浦 そこでできたものは僕らが売れば300万円かもしれないけど、いとうさんが売れば1200万円になるかもしれない。

いとう ああ、なんか付加価値をつけて。

三浦 そうなんです。それは物語をつくればいい話だから、どんどんやればいい。だから、そういう新しい人たちが来れるような場所にできれば楽しいなと思ってます。

いとう 立ち入り禁止区域だった場所だからこその、外部の人も参加する復興ですね。

三浦 ええ。僕が今度つくった会社の名前は「井田川コモンズ」としました。コモンズというのは「共用の」という意味ですね。そこでソーラーシェアリングをやりながら、太陽光パネルの下の農作物はつくった人が売り、上のパネルで得られた収入は共有財産にしていけばいいと思ってて。

いとう　コモンとそうでないものとのハイブリッドだ。すごく夢がある。

三浦　この地域で農業をはじめる人には、「共有の財産からちゃんと補助金が出るよ」っていう仕組みにしていけば面白いかなと。

いとう　いいですねー。こんなに素敵な未来があるのに、なぜ違う未来を選んで、過去に戻ろうとしてるんだろう？　もう進んじゃってるんですもんね、農業も再生可能エネルギーもこういう技術が。

三浦　だから、新しく出てきた垂直ソーラーとか、あれだってどこにでも付けられますよね。

いとう　縦に置くだけですからね。土地への影響が最小限になる。

三浦　ああいう技術がどんどん開発されてきて、例えば水の上でもいける。この辺ならため池の上にもパネルを乗っけられますよね。

いとう　ああ、きれいでしょうね。

三浦　共有の財源でそこの管理をやるとか、発想次第でいくらでもできるじゃないですか。

昔はいろんな人がそれぞれ細かく権利を分け持っていたから、新しいことをやろうとしてもなかなか難しかった。

いとう　「隣で有機やられると虫が来るから困る」とかね。

三浦　そうそう。今日やってた会議でもそれがあって、相馬で有機やってる人のまわりの人たちが文句言ってるっていう話で。だからなかなか有機が広がらないっていうのもあるんだけど、ここはまわりに人がいないから。

いとう　夢のフィールドですよね。

三浦　今農家って、平均だいたい30ヘクタール以上やってる人が6割を超えたんですよ。みんなやめてるから、逆におのずと残った人たちの農地が広くなってる。

いとう　なるほど。

三浦　となると、田んぼのかたちを工夫できるんですよ。自分のやり方に合わせた農地をつくればいいわけです。例えば草刈りが一番大変だから、細いアゼをつくらない。田んぼをみんな3メートル以上の道路で囲っちゃえば、草刈りもほとんどトラクターでできちゃいます。そうすると、僕はここから50キロある新地町に住んでるんですけど、通いながらでも米がつくれる。実際にそういう田んぼをつくろうというコンセプトでやっています。

いとう 近くに常駐しなくていい。ウェブカメラで常に様子を見られるようにしといて。

三浦 そうなると、小さい農家がいなくなって農村がなくなる。農地は職場になっていく。都市部とはいわないですが、今後は市街地に住んでそこから通いながらの農業にならざるを得ない。でもそれに合った農地をつくるところからはじめれば、楽しく楽に農業ができるようになるかもしれません。

いとう しかもそういった農業の器具、例えばトラクターのエネルギーも、ソーラーシェアリングとかで補給できる。

三浦 今はまだ軽油なんだけど、それも「そろそろ電気にしたら?」って言ったら、「実はもうだいたい試作品はできてるんです」って業者は言ってます。だから、次に替える時にはそれにしたい。そうなると、あちこちに蓄電池を置いて、そこから充電して走っていけばいいだけの話ですよね。

いとう 農家さんにとっても、腰を曲げなくていいし。

三浦 昔の人たちって、子どもの頃から鍛えに鍛えていて、田んぼとか畑とか歩き回ってるじゃないですか。でも今はもう体が違う。あの感覚で農業をやる時代は終わりました。

いとう だからこそ、現代ならではの違うやり方をここで存分に見せつけてくれると。

三浦　ＩＴとかそういうのも含めて、新しい農業を組み立てていくっていうことが、やっぱりこれからの日本の農業を広げていく上では最低必要ですよね。

いとう　ということは、三浦さんにとって未来はめっちゃ明るいってことですね。

三浦　だって、明るくしなかったら人類生きていけないじゃないですか！

いとう　名言だね。本当にそうですよね。

三浦　暗い、暗いって言ってたら。

いとう　何も思いつかなくて、ただ現状維持、それじゃ右肩下がりになるだけで。

三浦　どんなに少なくても食糧をつくる。それは社会のために絶対必要なことです。人間が生きていく上で。それに僕は高校の時に「一番幸せなのは美味しいものを食べてる時だった」とわかって農業の道を目指したんで、やっぱりそこに戻らないとダメだし、世界でも今「家族農林漁業の10年」というのをやってる最中なんですよ。

いとう　なんですか、それ？

三浦　世界中で主流になっていた超大規模経営農業は、有機物の補充なんていうすぐにはお金にならないことはおろそかにして、遺伝子組み換え技術なんかを利用しながら、化学肥料や農薬を使いまくって作物を増産し、目先の利益を優先してきました。その結果として作物をつくり続けられる土の力が維持できなくなり、いわゆる砂漠化が進んできたんです。その反省から国連は持続的に農業を続け、食料をつくり続けるためには、数千年続いてきた農業のビジネスモデル「家族農業」の価値を見直そうということになったんです。

でも、現在、世界の家族農業は、小規模零細がほとんどで、むしろ世界の貧困層の9割は農家なんですね。今のままの家族農業でも食料生産は維持できない。それを克服しないとダメ。農家はちゃんと所得を確保されるべきだし、そうしなければ奴隷労働と同じになってしまう。そこでこそ再生可能エネルギーと農業のコラボが活きる。そしてITを導入したスマート農業です。それらをちゃんとうまく回せれば。

いとう　世界の歴史が変わるってことですね。

三浦　農家所得ですが、フランスやイギリスでは9割、スイスに至っては100%以上が補助金です。

いとう　え、どういうこと？

三浦　10年前のデータなので、今はまた変わっているかもしれません。国に必要だから補償される。それって、公務員が農業やってるようなものなわけです。先進国であれば実はそれが当たり前。でなければ農家は稼業をやめちゃう。でもそれは全国民の自給に繋がることなわけで、だからこそ農業をやる人の地位をちゃんと高めないと、実現させられない。

いとう　三浦さんはそこまで考えてやってるんですね。

三浦　現実は大変ですけどね。

いとう　大変だと思います。でも話を聞くと、いちいち明るい気持ちになる。ここまで三浦さんに会いに来た甲斐がある。

三浦　それはよかった（笑）。でね、今僕がつくっている電気は、みんな電力さんを通じて電気の産直です。うちはBEAMSさんと契約してる。日本ではじめてのことだそうです。

いとう　米の産直から電気の産直まで（笑）。

三浦　新宿のBEAMS JAPANさんや原宿の本店を含めた3店舗の電気をつくっています。そうして、農業と普通の企業が電気を通じて交流というか、農業に関心を持ってもらうっていうことも続けていければ、徐々にでも、もっと「自分が発電に関わる」、「農業に関わる」という感覚になってもらえるんじゃないかなって。

いとう　あとは「農地ってこうも使えるんだ」っていうことじゃないですか。ソーラーシェアリングで、パネルの下で作物をいろいろつくって、上で電気をつくって。それは農地の新しい活用方法なわけで。

三浦　今まで太陽光発電が悪者になってたのは、山なんかの自然破壊になっちゃうっていうことが問題になっていて。あれは、農地は規制があるけど山林は規制がないからっていうことで、集中的にいっちゃった。それで土砂崩れが起きたり水資源が枯渇したり、いろいろな問題が起きています。それだったら農地に設置すれば、問題ないわけですよ。
　農水省とか経産省の人たちと話すと、２０５０年に8割を再生可能エネルギーにしないと外国から相手にされないっていうわけですよ。8割って、それを太陽光発電でやるとしたらそんな土地はどこにあるのか。農地なんですよ。

いとう　今まで少なくされてきた農地が意味を持ってきた。

三浦　農業やる人もいなくなってるんだし、ちゃんとパネルを建てればトラクターや田植機だって自動で柱をよけて走って行ける時代です。人の労働が減って、時間を他のことに使える。それは実現可能な技術だし、農地に太陽光発電所や風車を建てることによって、そこの農業もちゃんと儲かる産業になっていく。
　これはみんながやればいいんです。農業だって本当はみんなが参加すればいいんですよ。自分の食べるものは少なくとも自分でつくるという基本。せめてトマトぐらいはつくるとか、そういうことにそれぞれが関わる。それは電気も同じことで。

いとう　自分でつくって、蓄電して、使えばいいじゃないかと。

三浦　自分ができなきゃ隣の人につくってもらって、それを一緒に利用すればいいじゃないと、そうすれば原発も火力もいらなくなる。

いとう　よかった。なんだか未来が見えた。

三浦　見えましたか（笑）。

いとう　忘れてた、三浦さんが実際にこの地で描いてる未来を。このことをきちんとまとめて、打ち出さないと。

三浦　ね、その方が絶対に楽しいと思いません？　それに、僕は自分でやってるから、これがただの夢物語じゃないのもわかってるんですよ。しかも、実はけっこう国も動くわけで（笑）。

いとう　オレはそれ、できないけど（笑）。

三浦　今、〈みどりの食料システム戦略〉というのを国が動かしはじめていて、2050年にはオーガニックを4分の1つくり、さらに化学肥料とか農薬を減らしていくと言ってます。4分の1をオーガニックにするなんて、今まで何にもやってこなかったのに、奇想天外なことを言ってるわけですよ。

これには、日本でつくったものを台湾とか中国、ヨーロッパやアメリカに輸出しようと思うと基準が緩過ぎて受け付けてもらえないという背景があります。逆に言うと、日本人は他の国が受け入れられないような農産物を食べてるっていう。

いとう そうなんだ！

三浦 だから、僕も農業を変えたいと思ってるので交渉をすることにしていて。もうすぐ、農水省とズームで話し合います。

いとう 早い！

三浦 半月ぐらい前から、「そろそろやろう」って言ってるんだけど、なかなか乗らないんですよ、2021年の12月も別の東電との交渉の時に、議員会館で農水省の人を見かけたから「こういう堆肥舎つくりたいんだけど、今までの制度だとできないんだけど、今度の〈みどりの食料システム戦略〉で、どう?」と聞いたら、「いけます」って。でも実情は、できるのかなと思ったら全然ダメで。もう県も東北全体の事業としてもそんな戦略は知らないみたいになって、やっといろいろ折衝してたら、つい最近ようやくできるようになってきた。だから制度を変えていくとか、制度の読み方を変えるとか、そういう方式で今かなり近づいてます。

いとう　じりじりと実現に向かう。ビジョンがあると粘れるってことかな。

三浦　この前も県庁に行って、別な案件で交渉してたついでにその話をしたら「じゃあ、モデル事業ということでやってみますか」みたいなことになって。これも、やった方がいいのはわかるんだけど、みんなはできないと思っちゃうし、公務員の人たちは新しいことをやりたがらない。ただ、無理に押し切ろうとしても相手は動かないし、言い訳しかできなくなっちゃうから、そこは詰め過ぎないようにする（笑）。

そして最後は「とりあえずやってみようよ。例えば、こうなるとどうなる？」みたいな具体例を出すと「あ、じゃあ、やってみますか」、「省内で検討してます」となるんですよ（笑）。そういう話し合いで、どんどん制度って変わっていきます。

いとう　ビジョンさえあれば。

三浦　農水省とか文科省とかあれこれ交渉するとね、2、3日後に大臣が記者会見を開いてくれたりしますよ（笑）。

いとう　早過ぎる（笑）。

三浦　それは「おかしなことを言ってるんじゃない」からだと思うんです。

いとう　正しいから「なるほど、これでイケる」って思うんですもんね。

三浦　そういうの、こんな片田舎のじいさんが言うことでそれほど変わるんだったら、皆さんが言ったらもっともっと変わるんじゃないの?

いとう　アイデアと経験があればですけどね。

三浦　でも、僕が農水省と交渉をはじめたのは、32ぐらいからですよ。だから、若くたって、何でもできちゃいます(笑)。与えられた制度そのままを、ただ受け止めるんじゃなくてね。

いとう　読み替えちゃう。

三浦　制度を見るでしょう。そうすると、確かにできないことがある。それで「何でこうなってるの?」って、電話で直接官僚に聞いちゃうの。そうすると「こういう考え方でして」、「でもさ、こうなった方が良くなるのに、何でそういう制度にしちゃったの。うまくいってないんじゃないの?」って言うと、「実はそうなんです」とか(笑)。それで「じゃあ、運用でこういう風に変えられるでしょう」って言うと、「わかりました」みたいな話になる。

だいたい、「原則」とか「何々など」って書いてあるじゃないですか。そこが攻めどころ。「この制度のおおもとの考えはこう?」って聞くと、「ああ、そうですね」と。「じゃあ、これも該当するよね、『など』って書いてあるから」って言うと、「いけますね」と返ってくる、その「いけますね」がきた瞬間、その制度はガラッと変わります。

いとう　アハハ。

三浦　何度も言いますけど、今僕が喋ってるのは、これまで実際やったことですからね。夢を語ってるわけではないので。

いとう　実現できるんだと。

三浦　そういうことなんですよね。実はそもそも僕には大きな夢、ないんですよ。でも、「こうなればいいな」っていうのは日々ある。僕は常にその日思ったことをやっているだけで、だいたいの構想はあるけど、いつ死ぬかわからないじゃないですか。もう62だし、この調子で毎日やってると面白いんですよ。少しずつだけど、本当に変わっていくから。

いとう　ストレスもあんまりないんだと思うんだよな（笑）。

三浦　うちの奥さんから言わせるとね、「あなたはストレスがないかもしれないけど、私たちは大変なのよ」と（笑）。

いとう　やっぱり（笑）。でも、しょうがないよね、世の中を面白くしてくれる人だから。オレたちも頑張って、三浦さんを支えたくなるもんね。

三浦　大丈夫です、ご心配なく。私は自分のペースでやってますんで。

いとう　そうですか、すいません（笑）。むしろ僕らが僕らのやりたいことをやるべきですよね。

三浦　そうですよ。例えば今も僕といとうさんに接点ができて、「フェスをここでやる」っていえばそれはそれで皆さんが一生懸命頑張ってくれるんじゃないですか（笑）。

いとう　そしてフェス観たくて人が来て、実際にかわいい「合鴨ロボット」とかを田んぼで見て、人生が変わっちゃったりね。

三浦　あ、でも合鴨ロボットかわいくないんです。

いとう　かわいくないんだ（笑）。

三浦　四角いやつでガーッと田んぼをかき回しますけど、かわいくないもんだから、仕方なく合鴨の人形を載せてるくらいで（笑）。

いとう　そうなんだ。でもまあ、それが「合鴨と同じようなことをするんだ」っていうことを知っただけで、例えば子どもたちだって目がキラキラってなると思う。「合鴨ってなんだ？」からはじまって。

三浦　子どもたちも連れてきたいですよね。若い人たちといえば、明後日は東京大学の学生さんが来て、この辺を案内します。早稲田の教育学部も来る。

いとう　どんどん洗脳してる。

三浦　ええ（笑）。

いとう　農業を実地で見せながら、同時にそこを覆う制度をつくり変える。

三浦　そうですね。結局、政治家って浮草みたいなもので人気商売だから、やっぱり政策を積み上げていく部署の人たちときっちり交渉していった方が着実性はある。
　いろいろな交渉を進める中で、ある制度ができる時に議員会館に行ったら、知らない役人が「三浦さーん」って近づいて来て。「なんでオレのこと知ってんの？」って聞いたら、「三浦さん、引き継ぎ事項になってますから。担当官が変わるたびに、名前も引き継がれていくんです」って。

いとう　あの人が来たら気を付けて（笑）。

三浦　そう（笑）。実際に役所の人と会って1時間喋ると、みんなだいたい何とかしてくれます（笑）。

いとう　ウソでしょ（笑）。

三浦　ほんとですよ。それから僕、コネは一切ありません。その都度の担当者が目の前にいるだけで。

いとう　そこも重要なのかも。腐れ縁では実は新しいことは動かない。理屈と情熱がないと。

三浦　最初に米の産直やる時、この辺でヘリコプター防除、航空防除という、空から農薬を撒かれてたんです。で、「僕、そういうのダメだから、やめさせて欲しい」って言ったら、「じゃあ、三浦さんのところに白い旗立ててください」って言われて、白い旗を立てました。そうすると少しは農薬がかかるんだけど、直接は来ない。
　そうしたら「あんなことできるんだ」、「オレたちもやる」って言ってこの辺にどんどん白い旗が広がっていって、それでヘリコプターの会社の人が「もう無理です」って言って、撤退しちゃいました。

いとう　まさに農民一揆だね、暴力のない一揆（笑）。

三浦　そうやってね、素直に表現すれば毎日が変わるんですよ（笑）。

chapter 5

価値の革命
エネルギー危機と世界

西村健佑

うだ!

さて、では海外では、例えばヨーロッパではどうなのか。

特に再生可能エネルギーを国の根幹にすると決めたドイツでは、現在のウクライナの状況を前に政策が後退していないか、あるいはむしろ強力に前に進んでいるのかど

うか。

確認しにくい情報がネットの上をうごめいている中、本物の専門家からお話をうかがいました。非常に緻密に語っていただいているのでゆっくりじっくりお読みください。

特に「ドイツを筆頭に、ヨーロッパはどんな未来社会をつくろうとしているのか」という証言には目からウロコが落ちます。

日本とドイツのＦＩＰ

いとう　早速ですがまず、西村さんのキャリアをご自身の言葉でお話しいただけますか。

西村　今は独立してエネルギー関連の調査や通訳をしています。ふだんはベルリンにおりまして、ドイツのエネルギーやデジタルシステムと特に地域社会の関係を調べています。もう10年ぐらい、こういった仕事をしています。その10年のはじめは現地の調査会社で働いたりしましたが、政策や制度調査がメインなのでベンチャーキャピタルとかと違って、各企業の分析というのはあまりしません。

いとう　ベンチャーキャピタルはいわば強気の投資会社のことですね。

西村　はい、私は「その政策がつまり何を言っているのか」とか、そういう内容を読み解くことが主な仕事になります。ですので、お客さんはシンクタンクとか、あとはヨーロッパでビジネスをされたい日本企業などが多いです。シンクタンクのお仕事を受ける時は後ろに政府機関がいることもあり、結果的に「政府機関に情報提供をする」こともあります。

いとう　国際的な政策の判断に関わる可能性の中にいると。

西村　大げさに言えばそうですね。例えば、日本でも２０２２年4月からはじまった〈市場プレミアム制度〉という再生可能エネルギーを促進するための制度があります。

いとう　ＦＩＰですね。これまでのインタビューでも何回か話に出てきました。

西村　そういった制度を日本で導入する時には、海外事例も参考にしますが、「法律の細かいところを原典から読み込み、現地の関係者と意見交換をして日本語でインプットできる人が必要」という時にお手伝いするようなことですね。

いとう　現地というのは海外ですね。そこで「日本語でインプット」ということは、海外の日本法人や官僚に伝えるということでしょうか？

西村　いつもはシンクタンクなどを通じたインプットのお手伝いになります。呼ばれれば霞が関に行って、直接現地の情報をお伝えすることもあります。また、日本でエネルギービジネスをする企業や地方自治体のケースもあります。私は２００６年からドイツにいるんですけども、１年目はドイツの大学の工学部で再生可能エネルギーについて学び、翌年に政治学の大学院に移り、そこでエネルギー政策を勉強しました。その時の大学院の指導教官が日本、ドイツ、アメリカのエネルギー政策の専門家だったんですね。

そして２０１１年に日本で福島原発事故が起きて、私の元指導教官がメルケルの脱原発倫理委員会のメンバーに選ばれて、以降、指導教官に日本からの問い合わせがすごくたくさんあったので、対応のお手伝いなどをしているうちに仕事が自然とそういう方向になっていったという感じです。２０１１年当時は博士課程で研究していましたが、そこは結局辞めてしまって調査の仕事に専念しました。

いとう　大学を離れたのはなぜでしょうね。

西村　調査の仕事が「自分に向いている」と思ったのは確かです。研究と調査の違いは、まず研究は自分でクエスチョンをつくれないとダメなんです。私はそれがすごく苦手で、自分の好きなテーマに関してはいろいろと飽きずにできるんですが、「研究に必要な深い問いをつくる」というのが苦手でした。私の先生も、研究職よりは調査がメインの「シンクタンク系の仕事に行った方がいいよ」というアドバイスをくれました。

いとう　なるほど。それでさっきも出てきた〈市場プレミアム制度〉なんですが。そもそも世界的に見てどういうものなんでしょう。

西村　日本とドイツで細かい違いがありますが、再生可能エネルギーの成長を支援する制度として世界中で使われている制度のひとつです。ドイツの場合、まずもともと日本と同じような固定価格買取制度、つまりＦＩＴという、一定期間同じ値段で国や国が定めた機関が再エネ由来の電気を原則すべて買い取る制度がありました。ドイツの場合は、この機関というのは送電系統運営者になります。

これにはいくつかの問題があって、ひとつには再生可能エネルギーの発電設備がとにかくたくさん「発電する」ことに力を注ぎます。そうすると、例えば今日本でも問題になっているような、系統に電気が十分余っている時に、再生可能エネルギーが積極的に自分で発電量を減らすとか、そういったことがなかなか難しい。技術じゃなくて、制度的に「そういうインセンティブがないという問題」がありました。

ですので、市場プレミアムでは、まず発電事業者は「電気をちゃんと売りましょう」と。受け身の全量買い取り保証をではなく、「再生可能エネルギーの電気を市場で売ってください」と。そして「市場で売っても収益が足りない時は補填しましょう」という仕組みです。ただし「電力が余っていて市場の価格が低い時に電気を売っても、足りない収益の一部しか補填しませんよ」とも言っています。つまり、系統に電気が余って電気の市場価格が低い時でも一定価格が保証されて儲かるＦＩＴと違い、市場プレミアムではそうした時間に電気を売るともとが取れない制度です。

それによって、例えば再生可能エネルギーも含めて電気がすごく余ってる時には、「再生可能エネルギーの電源が、損をしないように自分で出力を調整してくれる」。ＦＩＴに代わる良い仕組みをつくる必要があるということで、進められてきたものです。

いとう　ということは、なんにせよドイツでは再生可能エネルギーの電気はすでにかなりつくられるようになっているということですよね？

西村　おっしゃる通りで、ドイツ国内の電力は発電量に占める再生可能エネルギーの割合が40％を超えています。でも、再生可能エネルギーが成功した結果として出てくる問題があります。まず、電力の系統が十分に整備されなかったので「系統混雑が起こりやすい地域」が出てきてしまった。

いとう　この時の「系統」いうのは、運ぶ線みたいなことですね。

西村　そうです、電力の系統、電線です。電気の流れが変わったことで系統がスムーズに電気を運ぶことがちょっと難しくなってきた地域もあって、「そういった事柄に関して対応が必要」な地域が出てきたということですね。それから、もともとドイツ国内には再生可能エネルギーが全国どこにでも十分にあるわけではなくて、一般的に北は風力、南は太陽光というようにばらけています。

いとう　地域で得意、不得意がある。再生可能エネルギーが中央集権的であるより、分散的な在り方を目指すべきだと思っているので、つまり違いを活かせばいいわけですよね。

西村　そうです。ところがドイツでは特に北で風力がたくさん導入されてきたんですけど、これを南に運ぶ系統がないので、北で電気がすごく余る時間があるんですね。かつ、ドイツの場合にはまだまだそういう時間は少ないんですけど、ピークの需要を超えて、再生可能エネルギーや従来の発電設備がトータルで需要よりもたくさん発電する時間帯っていうのが出てきている。となると、そういった時間帯に再生可能エネルギーが、とはいえまあ実際にはすべての電源に言えることなんですが、状況を無視してどんどん発電して系統へ流すと、それはやっぱり大きな問題になってきますし、ＦＩＴにはそれを防ぐ仕組みが備わっていなかった。「そういった様々なことに関しての対応が必要ですね」ということで、市場プレミアムは、再生可能エネルギーの電気も市場の状況、つまり「電気が余ってるのか足りないのかを見ながら行動してね」という仕組みです。

いとう　図が出てきました。（次ページ）

西村　はい。ここにあるように、ＦＩＴの場合、「一定価格で20年間買い取ってもらえる」という仕組みになっていて、他方で卸しの価格は、電気が余ってるか足りてるかに合わせて大きく変動します。再生可能エネルギーに関しては買取価格が一定なので、常に「発電したら全部売ろう」というかたちになってしまう。

新しい市場プレミアム制度ですと、支援基礎額といいますが、まず「FITと同じぐらいの値段で買い取りましょう」というベースラインが決まります。ちなみにドイツでは、黒字だけれどボロ儲けにはならない水準、だいたい十数年で投資回収できるレベルとされています。ただし、FITと違い系統事業者側に電気を引き取る義務はない。代わりに、アグリゲーターといわれるような企業さんが「再生可能エネルギーの電気も、市場などでまず売りましょうね」ということになります。

いとう　「アグリゲーターとは何か」という質問はあとに回します（笑）。

西村　ですから、例えば太陽光だと1kWhあたり15円ぐらいで発電できるとします。ドイツの場合、今回のエネルギー危機の前は市場の価格がだいたい年間で

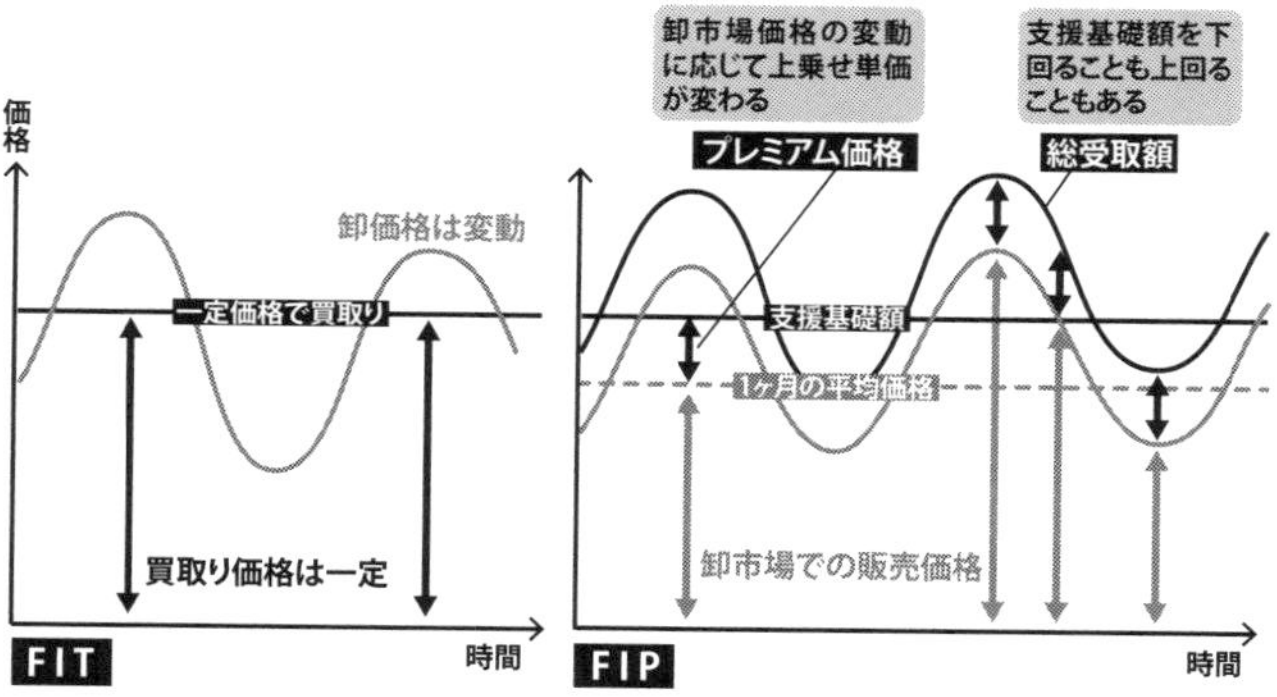

ならすと、7~8円でした。ちなみにドイツの市場プレミアムは月ごとの平均価格が参照されます。1ヶ月の平均価格が支援基礎額よりも低い場合、その月は電気を卸市場などでちゃんと売ったとしてもそのままでは1ヶ月トータルで見ると赤字になってしまいます。そこで、赤字にならないために必要な金額、つまり支援基礎額と卸価格の差額を補填してあげます。「これをプレミアム価格としてお支払いしましょう」ということで、「市場プレミアム」と呼んでいるんです。ただし最新の制度では、毎年の平均価格の場合もあります。

いとう なるほど。で、その場合のアグリゲーターっていうのは、例えば〈みんな電力〉みたいな会社ってことですか。そもそも単純に「集める人」って意味ですよね。

西村 仰る通りで、みんな電力さんは日本の代表的な再生可能エネルギーのアグリゲーターと言えます。

いとう アグリゲーターにとっても助かるのが市場プレミアム価格っていうことでいいんですよね？ あんまり発電しちゃっても、アグリゲーターは「それ全部買い取るわけにいかないんで」とか。

西村 アグリゲーターはどちらかというと代理店みたいなものなので、買い取るのではなく、買い手を見つけてそこへお渡しするという仕組みです。もちろんアグリゲーターさんには自ら電気を買って小売を行う方もいます。ドイツの電力取引制度は複雑で、赤字を出さないようにうまく売るには相当の知識が求められます。代理店というとそこは日本だと批判されがちですが、アグリゲーターさんはそういう意味では基本的には「いかにうまく売るか」ということを発電事業者のためにやってあげる企業です。

いとう なるほど、橋渡しなんだ。

西村 市場プレミアムに話を戻すと、支援基礎額と平均卸価格の差額に相当するプレミアムを乗せるんですけども、例えばある電気の価格が1ヶ月の平均価格よりも低い時間帯があるとします。それはつまり、電気が余り気味な時間です。その時に電気を売り続けると、赤字にならないために必要な水準になっているプレミアム価格、すなわち支援基礎額と卸の平均価格の差を乗せたとしても、本来欲しい金額に届かないってことになります。

いとう 赤字になっちゃう。

西村 そうです。だから、まず状況を見ながらアグリゲーターさんが、例えば「この時間帯は卸価格が低いので売るのをやめましょうね」ということを、風力の発電事業者さんにお伝えします。すると、その事業者さんも「わかりました。では、この時間帯は売りません」ということで、うまく「再生可能エネルギーも需給のバランスに貢献」できるようにしようという仕組みになります。

いとう　そうか、なるほど。そして、それも日本でもやってるんですね。

西村　２０２２年４月からはじまって、法律上過去まで遡ってやるのはかなり難しいので、新しくできてくる電源に関しては「こういう仕組みを使いましょう」ということになっています。ですので、今後できてくる洋上風力とか、そういったものは基本的にこの仕組みを使うことになります。ただ、ドイツのプレミア額の算定の仕組みはかなりシンプルなんですね。日本の場合、かなり複雑で。

いとう　そこ聞きたいです（笑）。

西村　日本と違って、ドイツの場合はＦＩＴの電源も市場プレミアムの電源も、環境価値というのは取引できません。賦課金を負担している人みんなで、環境価値を分け合うことになります。

いとう　環境価値？

西村　例えばゼロエミッション（CO2排出ゼロ）電気とか再エネ電気と言われるためには、物理的な電力だけではなく、「この１ｋＷｈは太陽光発電でつくられているので、ＣＯ２を排出しません」という証書を発行して、証明する仕組みがあります。この証書を、日本の場合はＦＩＴでも市場プレミアムでも、それこそみんな電力さんが引き取って、さらに再エネ電気が欲しい事業者さんに売ってあげる、もしくは譲ってあげることができます。
ドイツの場合、ＦＩＴや市場プレミアムの支援を受けている業者はそういったことはできない決まりで、支援を受ける再エネ電気の環境価値は、全部賦課金を負担する消費者、つまり「一般家庭で均等に分け合いましょう」ということになっています。

いとう　自分たち国民で、「それを分かち持つ」かたちで進めていくっていうことですか？

西村　そうです。ですので、日本の場合はプレミアム額の算定時に環境価値の取引が入ってくるので、かなり複雑になっていきます。でも、ドイツの場合はシンプルなんです。それ以外にもいろいろ違いがありますが、トータルでドイツの方がシンプルなのは間違いなく、事業者にとっても売上が見通しやすい環境になっているといえると思います。
ドイツ国内の系統を流れる電力ミックスっていうのは、今だと再生可能エネルギーが45％ぐらい、２０２２年の前半だと52％ぐらいだったかと思います。ドイツの賦課金制度には、例えばすごく電気を使っている企業さんは「賦課金を負担しなくてよい」といった例外ルールがあります。賦課金を負担していないそうした大企業には、ＦＩＴや市場プレミアムの再エネ電力由来の証書は分配されず、環境価値はゼロになります。かたや、私たちのような賦課金を負担する一般的な消費者であれば、普通に電気を買うと、誰がどこから電気を買おうとだいたい60~65%ぐらいはすでに再生可能エネルギーになっています。

いとう それ、日本は何割ぐらいですか。

西村 日本の場合は、環境価値のやり取りがすごく複雑です。一般のご家庭があえて再エネ電力を選ばなければ、平均的な電力ミックスは約18%で、ドイツほど高くはありません。

いとう どうして、そんな違いが出ちゃってるんですか。

西村 ドイツで最初に固定価格買取制度をはじめたのは、20年前です。さらにもっと古い、その原型になったものは1990年にはじまっているので、再エネ推進はだいたい30年前にスタートしています。当時のドイツも、再エネは国内で1、2%でした。

いとう ああ、それを増やしたかったんですね。

西村 そうです。「何よりもまず、増やすことを重視しよう」ということで、2000年にFITが「再生可能エネルギーの電気は全部買い取ってあげる」というかたちでスタートしたんですね。それをしかもいわばそのコストを強制的に取り立てる賦課金でやった。とはいえここは日本とドイツの事情が違うのでどちらが正しいという話ではないんですけども、ドイツの場合、最初に「負担した人で当然ちゃんと分け合いましょう」というルールではじまったんです。そもそも、ドイツの場合は1986年にチェルノブイリ事故があり、そこから「再生可能エネルギーの電気が欲しい」という運動が「どんな電気を買うかは一般市民が自ら選べるようにして欲しい」という運動と並行してはじまりました。

日本の場合、私の理解している範囲では、どちらかというと大企業さんが国際的に、例えばAppleさんとかGoogleさんと取引をする時に「再エネ電力使ってね」と求められるようになったので「こりゃあ、なんとかしなきゃ」というかたちではじまって。

いとう そうなんだ！

西村 再エネの価値は、どちらかというと企業さんがまず欲しいもので、その企業さんに「どうやって再エネの価値を渡すか」という時に、「〈ゼロエミッション価値〉というものを企業さんにお渡しできるようにしましょう」というようなスタートだったと、私は理解しています。もちろん「再エネ電力を使いたい」という一般市民がいないというわけではなく、古くからそうした活動をしている人もいますが、大々的にはじまったのはむしろ企業が再エネ電気が欲しいと思いはじめてからだと思います。

いとう それはやっぱり、AppleとかGoogleは、ドイツではないわけなので、全世界的に見てエネルギーの仕組みの先をつくろうとしたらそうなったということですね。つまり、

「ゼロエミッションという仕組みで地球の環境問題を動かそう」ということになった。

西村　そうです。あまり意識されないかもしれないですが、アメリカとヨーロッパではもうすでに気候変動の影響というものをハッキリと受けていて、かなり危機的な状況なんです。ドイツにはまず危機感がものすごくあります。そのために、大量にエネルギーを使う企業さんにも「自分たちでクリーンな電気を使いたい」という希望もありましたし、あとはやはり、特にEUとドイツは政府が排出権取引とかそういうかたちで再生可能エネルギー、もしくは原発まで含めて「クリーンな電気を使わない企業さんのコストはどんどん上がっていきますよ」ということを、しっかりとアナウンスしてきました。だから、そういう電気を買いたい人が、大小含めてきちんと一定数いたということです。

世界的に見ると、2010年以降は再生可能エネルギーの値段がすごく下がったので、Googleさんなどははっきり言ってると思いますけど、まず最初に「一番安い電気をしっかり確保しておこう」と考えたら、「再生可能エネルギーやるのが一番だよね」という流れになってきていました。

いとう　なるほど。今現実にエネルギー危機になってるわけですが、そうなるとGoogleたちの考えも変わってきてますか。

西村　変わってきていると思います。ひとつには「もっと再生可能エネルギーが欲しい」ということですね。

いとう　え、もっと欲しいって方？

西村　はい。

いとう　それどころじゃないって方なのかと思いました。

西村　再生可能エネルギーというのはつくられる量が変動するんですが、それはその瞬間、瞬間の話です。もちろん年によって変動はありますが20年などの単位で見ると年間の発電量が平均から大きくハズレて変動するわけではありません。

ですので、再生可能エネルギーへの投資は電気の一定量や年間使う電気の何割かを確実にこの値段で買えるという、リスクヘッジになります。ヨーロッパや北米の企業でもまず再エネに投資をして「消費電力の何%は確実にこの値段で15年間買おう」ということになり、大手の企業さんであるほど、やはり再エネにどんどんと進んでいくと思います。

いとう　投資の問題でもあるんだ。それと例えば今の、まさにわかりやすく言えばウクライナとロシアのことで、実際に日本では「再生可能エネルギーじゃ間に合わないから、政策を変えなきゃ」とかいろいろ言う流れなんだけど、それは全然違うんですね。

西村　その考えはもちろんヨーロッパにもあります。おっしゃるような原発回帰は起こりつつあります。ただ、もうひとつ考え方があって、それは「再エネをますますやろう」ということです。これは各企業さんの考え方で、今後化石燃料の値段は上がりつつも、それよりもすごく変動することがますます問題になると。しかも、今までならこういったものは投資しておけば、長期契約や先物市場というところである程度変動リスクを抑えられたのに、ロシアのウクライナ侵攻によって、先行投資ではリスクを押さえられない場合もあることを学んだ。何なら「契約を守る」という常識すら壊れた。「契約を破ることに躊躇しない人たちがエネルギー業界にいたんだ」とわかった。

だから、そういう意味では運営や燃料コストが変動しない、コストが小さい再生可能エネルギーへまずは投資した方がいい。そういった考えの、Googleさんのような企業は今後もっとたくさん出てくると思います。

いとう　ロシアがウクライナの原発を押さえるようなことが起きたので、そこから電力が来るか来ないかっていうことが危機的状況になって読めなくなってしまった。だったら、より「再生可能エネルギーにシフトしていかなきゃいけない」ということでドイツは再エネ促進計画を前倒ししたって話も聞いてるんですけど、これ本当ですか。

西村　そこはちょっと違っていて、ロシアから入ってこなくなるのは電気じゃなくて、ガス、石炭、石油です。そして、もともとドイツはウクライナから電気は買っていません。だからウクライナ側は「原発の電気を売ってあげるよ」みたいなことを言っていますが、制度的にも買えません。

そもそもドイツが最も欲しいのは暖房や産業で使うガスで、原発の電気は絶対に必要ではなく、ウクライナの原発が止まったとしてもドイツが停電するというようなことはありません。そこは全然別の話です。ただし、「国として安定供給をきちんと維持しないといけない」という時に、やはり「安定して発電できる〈ベースロード電源〉があった方がいいんじゃないか」ということを国レベルで問い直し、その方がいいと考える国も多くなったと思います。先ほど言った原発回帰です。

特に再生可能エネルギーは移行するまでが、つまり再エネ100%の仕組みをつくるまでの道のりが非常に複雑、かつ、予測が難しいということはわかっています。そういう意味ではフランスとかイギリスは、原子力発電所を新しくつくることで「まず、ベースロード電源を維持しましょう」と。ベルギーも「今持ってる原発を延長しましょう」というような動きになっています。

ただEUとして、フランスもイギリスも結局そうなんですが、「原発を建てる」とは言っても、そうポンポン建てられるわけではありません。結局のところ再生可能エネルギーを中心とした仕組みにならざるを得ないということは、確実に言えるでしょう。

いとう　何かつなぎを補助するかたちとして原発を考えるっていう、彼らはそういう考えなんですね。

高コストの原子力発電

西村　今のところやはりどうしても、ベースロード電源が全然ない世界っていうのはすぐにはつくれないので、そういう意味では特に原発が70%近くを占めるフランスとか、ベースロード電源がものすごくたくさんあるような国がいきなりそれをゼロにもできません。そういう重要性が再認識されたとはいえます。

ただ、例えばEUもつい最近、2030年の再エネ目標を引き上げています。原子力というのは建設に非常に時間がかかり、かつものすごく高コストになったので、今のところはまず再生可能エネルギーを一気に増やすこと。そうしながらロシアからのガス、もしくは石炭の輸入を減らすというのが、現時点での政策の一丁目一番地、最重要ポイントといえると思います。もちろん、加えて省エネも必要です。

いとう できる限り速やかにそれをやらなきゃいけない危機感がある。

西村 そうです。例えば来年、再来年に向けて原発の稼働延長はできても、新設はできません。なぜなら原発は建てるだけでも10年近くかかりますし、ヨーロッパでは許認可も含めると15年ほどかかるのも普通です。福島の事故以降、計画通りに建った原発っていうのは今のところ欧州には存在しません。中国やロシアにはあるようですが。

いとう あ、そうなんですね！

西村 フィンランドのオルキルオト、フランスのフラマンヴィル3号機もイギリスのサイズウェルC、そしてヒンクリーポイントCも計画が遅れています。それも場所によっては年単位じゃなくて、10年単位の大幅な遅れです。

いとう いやー、そういう事実が日本に全然情報として入ってきてないんですよね。

西村 コストも当初の計画の倍とかは普通です。フランスのフラマンヴィル3号機は最近4倍になったそうです。おのずと「非常に高額な電源」、かつ「時間がかかる」という認識になっています。ドイツに関しては、もともと「原子力に頼りたくない」という人が非常に多かったことと、近年は再生可能エネルギーがとても安い、かつ原子力はとても高いというのがあって、ドイツが将来も原子力に頼っていくのはかなり難しいんじゃないかと考える人が多いです。

いとう　その場合のドイツは、太陽光と他の再生可能エネルギーで、どんなものが主体になってるんでしょうか。

西村　再生可能エネルギーだけでやるというのは、なかなか難易度が高いことです。ただまず、ドイツはもともと脱原発を決めたのは2000年でした。それ以降はかなり真面目に、原発のないエネルギーの、電力じゃなくてエネルギーのシステムというものを考えてきたので、そういう意味では「原子力がなくても十分やっていける」ということをある程度、事実として把握していると言えます。

ではそれをどうやっていくのかというと、まずドイツのエネルギーの今現在の目標というのは、温室効果ガスの削減で2030年65%という目標を持っています。そして2045年には「完全なカーボンニュートラルを国として達成する」としています。そのためには猛烈なスピードで変革を進めなきゃいけないので、原子力発電所という選択は時間軸として不可能です。今から新しい技術、例えば第4世代と言われるような新世代原発の普及を待つのは時間がかかり過ぎます。その他に小型モジュール炉とか、いろいろな新しい技術が今も世界で開発はされていますし、もし核燃料サイクルをやれることになったとしても、それがドイツで本格的に普及するのは2040年代以降になることはほぼ確実であり、すべての原発関連の技術はドイツの目標達成には時間的に間に合わないといえます。また次世代原発は安いともいわれますが、あくまで試算だということに注意が必要です。

いとう　そうなんだ、すごくわかりやすいお話です。

西村　さらにドイツの場合には、日本もだいたいそうなんですけど、エネルギーを使う分の、だいたい半分ぐらいを熱として使うんですね。熱というのは暖房、給湯、冷房、冷蔵庫に冷凍庫。さらにはパンを焼くための窯とか、鉄をつくるための溶鉱炉とか、そういったとんでもない高温も全部含めると半分は熱です。だからガスなり石炭なり石油なりを直接燃やして使うケースが、すごく多いということです。

いとう　はい。

西村　あと、交通はガソリン、ディーゼルですね。これがだいたい4分の1以上あります。すると電気は、だいたい23％になります。

いとう　はあ、それしかないんだ。

西村　これは、だいたい日本も大きくは変わりません。日本は冷暖房はエアコンが多く、電気として計算するので、電気の割合がもうちょっと高いですが、全体として見るとエネルギーは多くが熱や冷熱として使われていて、半分以上を占めます。ですから、ここをまずなんとかしないといけないということがあります。ドイツの目標はまず全体のエネルギーの使用量を、「2050年までに半分にしましょう」という目標があります。

いとう　電気に限らず、消費量自体を?

西村　そうです。

いとう　それだけ消費量を減らすって、すごいことですよね?

西村　大変です。

いとう　つまり節電とかじゃなくて、節エネルギーってことですよね。

西村　ドイツの場合は熱で、特に暖房がものすごいエネルギーを使うので、やらなきゃいけないのは断熱です。だから建物で、まず断熱をしっかりとやって、そもそも「エネルギーを使わない家」を建てなきゃいけないんです。

いとう　そうか、当然そうですよね。

西村　まず、建物の中で使うエネルギーをだいたい5分の1まで減らすのが目標です。残念ながら、全然うまくいってないんですけども。

いとう　あらら（笑）。

西村　これがもっとうまくいっていれば、ロシアに仕掛けられたエネルギー危機はかなり違ったものになっていたと思いますが、失敗しました。

いとう　どんな理由で失敗してるんですか。

西村　ひとつは改修に大きな投資資金が必要であり、回収も時間がかかるので、不動産会社や賃貸の住宅を運営する人が、そういう投資をすごく嫌がったというのがあります。

いとう　日本の場合も、東京都が太陽光やろうとしてるのをすごく嫌がる人たちがいるんだけど、同じようなものかもですね。

西村　日本の法律でもようやく今年、その断熱というか、省エネ建築の義務化ができました。ですので、日本もようやく同じ方向に進んでいくことにはなります。つまり、エネルギーをつくって使用量差し引きゼロの家をつくるのではなく、そもそもエネルギーをほとんど使わない家にするということです。

いとう　ああ、そういう変化が起きていたんですね。人類史の流れがわかってなかったです。

西村　日本でもヨーロッパでも起きていますし、やはり「それが一番重要だよね」ということは各国の人たちが言いはじめてます。ですので、エネルギー転換にとって本当に大事なのは、まず「エネルギーを使わない」ことです。パッシブハウスといわれる非常にエネルギー性能の高い建物は、壁が80センチぐらい。窓も三重窓で40センチぐらいあるので、ほとんど暖房エネルギーを使わない構造です。そうなると暖房はいりません。豊かさを損なわないエネルギー消費の削減です。

次に単位量を減らす、つまり同じ明るさが欲しいんであれば蛍光灯や白熱灯よりもLEDを使うということ。LEDで暖かい色はすごく難しかったんですが、最近はそういった商品も出てきています。LEDは電気の消費を5分の1ぐらいにできるので、一気に減らせます。でも、使うエネルギーを絶対ゼロにはできないので「残ったエネルギー使用分を再生可能エネルギーで賄いましょう」ということになります。

いとう　考え方の入り口が違うんですね。

西村　本来ならそうやってやらないといけなかったところ、ドイツでもここが全然うまくいっていません。だから問題は山積みですが、考え方としては本来の順序は「使わない」、

「エネルギーの使用量を減らす」ということです。

いとう　なるほど。ドイツの政府は十分その順番をわかってはいる。

西村　政府というよりも、研究者はみんなわかってます。だけど政府は、これがなかなか難しい（笑）。例えば「エネルギーを使わない」というのは、先ほどは建物のお話でしたが、交通分野では「自動車を売らなくていいのか」という話になってしまいます（笑）。それで今は「電気自動車に変えよう」という話になってますが、交通分野だって本来は使うエネルギーを4分の1まで下げなきゃいけない。それは難しくても少なくとも6割は減らさないといけないので、自動車の場合は「効率的にする」というだけでは不可能です。そもそも「交通量を減らさなきゃいけない」というのが前提です。

いとう　そうか、本当は「自動車を減らさなきゃいけない」んですね。

西村　自動車を減らさない限り目標は達成できないので、「どう自動車を減らすか」ということが大事になります。だから、いわゆる電気モビリティで電気自動車にしようというだけではなく、「次世代のモビリティシステム」が大事です。

これは法律になってはいませんが、ドイツの持続可能な街づくりの専門家が目指す次世代電動モビリティが何を実現するかというと、まず「都市における自動車の占有スペースを減らす」。つまり、「自動車を減らしましょう」と。減らしてカフェや公園などの空間をつくることで、「移動しない時間帯を魅力的に変えていきましょう」ということになります。これは実はドイツはとても遅れていて、パリ、コペンハーゲンとかアメリカのポートランドとか、こういったところが先行しています。

いとう　あ、環境のトップランナーは実はドイツとは限らないんですね。そして国というより街単位で先に変わっていってる。

西村　ドイツでもようやくまともな議論として、研究者や一部自治体では共有されるようになってきましたけど。

いとう　例えば「パリがいい」というのは、どういうことですか。

西村　わかりやすくいうと、道路を減らして公園にするというような取り組みが少しずつ進んでいます。ドイツはかなり遅れていますが、パリとかコペンハーゲンなんかは特に、自動車道路を自転車専用道路にしたり、自動車を都市の内部から追い出していこうとしています。

いとう　確かにパリに数年前に行きましたが、環境危機への切迫感がすごかったし、レンタサイクルの仕組みも当然広がってましたし、あれはそういうことだったんですね。

西村　そちらの方向へ、少しずつ。まだ時間がかかると思いますが、自動運転とかカーシェアリングみたいなものがもっと普通になれば、みんなが自動車を所有しなくてよくなります。そうすると、まず駐車場が必要なくなる。今、自動車専用の道路の3分の1ぐらいは潰して自転車道路やカフェにしようとか、そうして「モビリティにおけるエネルギー消費量を減らそう」というのがあるんですが、ただドイツは自動車大国です。それが政治レベルになってくると、自動車業界がものすごく抵抗してきます。それで結局、なかなかうまくいかないという問題があります。

いとう　日本も近い状況ですよね。

西村　「雇用を守る」というのはもちろん大切なことではあるんですが、ただ「今の雇用を守るために人が住めない街をつくってどうするんだ」という話もあるわけです。このままいけば将来、ドイツでは気候変動でまともな生活が送れなくなるような地域が増えていくのは間違いないので。

いとう　国民的にその未来図は共有されているわけですね。

西村　いえ、国民的にはまだまだです。特に今回のエネルギー危機では、国民レベルでいうと、ほとんど共有されていなかったことがわかった感じです。

いとう　ドイツでさえ？　いやあ全世界大変ですね。

西村　ドイツもやはりそうだったんです。今まで「エネルギー転換」と言われるような、すごくきれいなビジョンを持っていたけれども、実は全然それに近づいていなかったということが、やっとみんなわかってきたところだと思います。

まとめるとドイツにはふたつ大きな流れがあって、ひとつは先ほどおっしゃっていただいたように、原子力とかベースロード電源をきっちりさせて、私たちの生活の在り方をできるだけ今と変わらないよう維持したいという方向です。これはいわゆる「再生可能エネルギー中心の社会は失敗した」と言う人たち、もう「はっきり言って夢物語だったから、再エネなんてやらない方がいい」という人たちです。

もうひとつが、本来の問題はエネルギー転換をまじめにやってこなかったからなので「気候対策もエネルギー危機対策もちゃんとやるんであれば、エネルギー転換を一気に進めるしかない」という考え方です。このふたつがあって、今のドイツ政府は、特に経済・気候保護大臣は緑の党から出ているので、「再生可能エネルギーを中心としたエネルギーシステムをつくるため、一気に転換を進めなければならない」と、今のところはなっています。

ただ原子力発電所に関して、延長するかしないかみたいな話になっていて、政府は

2022年10月に、3基を2023年4月まで延長することに決めましたが、この戦争が終わったとして、その結果「次の世代にどういうエネルギーシステムを伝えていくか」という点では、「再生可能エネルギーを中心とした仕組みに変えていかなきゃいけない」ということが、ドイツ国内である程度共有されていると思います。

いとう　原子力にするには「時間とコストが異常にかかるんだ」ということで言えば、現実的に再生可能エネルギーの方がよっぽどスジはいいはずですもんね。

西村　例えば今年ヨーロッパ全体で太陽光だけの新設容量は40GW（ギガワット）くらいになるとみられます。

いとう　それはどのぐらいのものなんですか。

西村　日本の一般的な原発のサイズでいうと、40基分ぐらいです。

いとう　うわ！

西村　それだけの量が、ヨーロッパで新設されています。ドイツの国内は太陽光だけだと7GWくらい、風力を合わせると10GWぐらい、つまり10基分ぐらいが新設される見込みです。最新の原発だと1基あたりももうちょっと大きいですが。もちろん発電量を考えるとまたいろいろと議論すべき点が出てくるものの、導入された容量だけで言うと「ものすごく早くつくっている」と言えます。

いとう　日本の場合も太陽光パネルがすごく増えてるのはたしかなんですが、何かと言うと山の木を伐採してパネルで覆っちゃうようなことが起きるので、近隣住民の反発が強かったりします。そこは、ドイツだと違うつくり方をしているんですか？　日本はソーラーシェアリングのようなやり方があるので、そこがやりどころだとは思っているんですが。

西村　日本とドイツには、大きくふたつの違いがあります。ひとつはまず、再生可能エネルギー電源の生み出す経済付加価値をどう分けるかということ。そしてもうひとつが、そういった自然保護との関連になります。ドイツの場合、ひとつ目はお金の話になりますが、お金をどう分け合うかということでいうと、パネルはほとんどが個人の所有です。風力、太陽光、バイオマスを全部合わせると3分の1ぐらいを個人が持ってます。

いとう　そうなんだ！

西村　家の屋根上であったり、風力に関しても40％ぐらいは個人が持っている。だからおのずと、太陽光なり風力が発電するとその地域の人が儲かる仕組みになってます。「儲かりやすい」と言った方がいいかもしれません。そのために協同組合というのがあって、この協同組合に市民が出資をして、みんなで発電設備をつくってその売上をみんなで分けるような仕組みになってます。

いとう　いわゆるコモンですね。

西村　ドイツの場合には2000年当時、だいたいFITの利回りが「20年で7%ぐらい」と言われていたんです。当時銀行にお金を預けてもゼロ金利とかで、プラスがないのでみんな「とりあえず再生可能エネルギーに、年金の代わりに投資しようよ」というかたちで、すごくたくさんの個人が出資をして広がった背景があります。

これは、地元に大きな風車があったとしても「いや、いいんじゃない？」と言うようになるきっかけになります。街の近くに風車がある地域で、住民アンケートをとって「新しい風車を建てたいと思うんですけど、賛成ですか、反対ですか」と聞くと、地元の90%以上が賛成すると。そして「もっと建てますか」と尋ねれば「もっと建てよう」と言うぐらい、少なくともドイツには「風車は地域にお金を落としてくれるものだ」という認識があります。

いとう　なるほど。

西村　もうひとつは、自然保護の決まりがドイツって実はすごく厳しいんですね。だから、そもそも「山を切り開いて太陽光を建てる」のは、法律的に不可能なんです。

いとう　それですよ、そうしなきゃ。

西村　ドイツはもともと山がない、平らな土地が多いので、そこはちょっと比較が難しいんですが、それでも、日本のように山をいきなり切り拓いて大規模な太陽光パネルを敷くみたいなことはできません。ドイツの場合、そもそも太陽光では一応20メガワットが支援を受けられる設備の上限ということになっています。ですので、長い間それ以上の設備を建てたい人がいなかったんです。

いとう　ということは、それは最初から分散型を考えてるということですよね。

西村　そうですね。まあ、分散型を考えていたというよりは、たまたまそうだったという方が正確なんでしょうけど。今は太陽光パネルもだいぶ値段が下がったので、「支援はいらない」という人たちが巨大な太陽光パネルをつくる事例がドイツでも出てきてはいます。ただし自然保護のルールがとても厳しいので、どんどんとは建てられないんです。

いとう　うまく進んでないのかもしれないけど、繊細にできてるなあ。日本は雑な気がする。

西村　「電源をつくる」というところはドイツは非常にうまくいったと思います。ただし「うまく使う」という点で非常に下手だったので、大問題になってはいますけども。

いとう　「うまく使う」というのは？

西村　再生可能エネルギーだけの社会をつくるとして、どう運営すべきかということですね。「原発が絶対いるんだ」という人にこの話をしてもあまり意味がないのですが（笑）。ドイツが再生可能エネルギーだけの仕組みをどう考えているかというと、まずひとつはおっしゃったように分散型です。

例え話として、前と後ろに子どもを載せた自転車を漕ぐお母さんがいるとしましょう。大規模集中型の電源は、いわばこのお母さんです。電気を使うご家庭や工場は子どもですね。大規模集中のシステムは、お母さんがひとりで一生懸命自転車を漕ぐことで自転車がコケないように動かしてるような状況です。自転車のチェーンが系統だと思っていただければいいと思います。周波数がチェーンの張り具合です。大規模集中型の場合、お母さんがコケちゃうとチェーンもはずれて、もうバッタリお終いということになります。

今まで「大規模集中型の安定電源である、石炭、原発ならこういう事故は起きづらい」と言われてましたが、今、フランスが直面しているのが、このお母さんの元気がないという問題です。大規模発電所、特に原発の半分が一時は動いていなかったので、フランス国内で電気が全然足りていない。なので系統を支えるため、需要を減らすことと外から電気を買ってくるということで、ドイツなりスペインからものすごい量の電気を輸入してます。

　多くの人が系統運営に関与するのは、この自転車を漕ぐ人の数を増やすということです。太陽光、風力、石炭、バイオマスの需要家とか、いろいろな人たちが「みんなで自転車を漕ぐ」というのが小規模分散型になります。そうすると、5人ぐらいであれば「いっちに、いっちに」と掛け声でスピードを合わせられるんですが、ムカデ自転車みたいになってくると、みんなで声かけながら漕ぐというのはできなくなっていきます。すると「これは、新しい技術が必要ですね」ということで、みんな電力さんがやってるようなアグリゲーターといわれる人が出てきます。

　アグリゲーターさんが何をやるかというと、スマホをみんなに渡してそれで「今、誰がどれぐらいのスピードで漕いでるよ」、「誰がどれぐらいのスピードでサボってるね」みたいなことを共有します。それをすることによって、みんなが適切なスピードでチェーンが緩んだり張り過ぎることなく、うまく進んでいく。こういうものが、まずドイツが目指す世界になります。

いとう　あー、だからみんな電力がブロックチェーン技術を早くから使ってたんですね。ああいうことが当然必要になってくるというか、ごまかしようがない情報開示が未来には絶対必要なんですね。

西村　まずこれがひとつで、必要なのはデジタル化ということになります。それからドイツの場合には再生可能エネルギーをだいたい400GWぐらいつくるのが目標とされています。ドイツ国内のピーク需要がだいたい80GWぐらいなので、「太陽光と風力だけで、その約5倍の発電容量を持つ」イメージになります。これはものすごい量の発電設備で、そうするとどういう社会になるかというと、基本的に電気が猛烈に余ります。

いとう　え、つくり過ぎちゃうわけですか

エネルギーを余らせる社会

西村　そうです。ドイツの目指す再生可能エネルギーでエネルギー転換を実現する社会とは、まず電気がめちゃくちゃ余る世界です。

いとう　想像したこともなかった未来です。

西村　400GWぐらいあると、年間のだいたい半分以上の時間で電気が余ります。その余った電気を例えば蓄電池に蓄えたり、水素にして蓄えることで足りない電気を賄うと

いうことになります。だからドイツの場合には、その余った電気をいかにうまく足りない時間に回すかというのが大事になってきます。繰り返しますが、ドイツが目指すような80GWのピーク需要に対して400GWの再生可能エネルギーが入った世界では、足りない電気よりも余ってる電気の方が圧倒的に多くなりますから、蓄電に加えて、例えばヒートポンプで熱にして暖房や給湯で使ったり、電気自動車にどんどん蓄えてもらうことで「余った分をうまく使いましょう」という仕組みになります。最近ではさらに400度くらいまでの熱をヒートポンプで賄おうとしています。

いとう　なるほど。

西村　実はイギリスの考えてることも、ほぼ同じような状況になっています。最近発表された資料では、イギリスは「原発を建てる」と言っても2050年の原発の比率は10〜20%といったところです。残りは再エネで、となると、ドイツと同じく多くの時間で再エネを中心に電気が余ることが想定されます。要は今の見通しではイギリスもほとんど再エネです。つまり、英国では原発というベースロード電源はありますが、ドイツと似たような仕組みになってしまうと考えられ、イギリスでも多くの時間で電気が余るような社会になります。ちなみにドイツもバイオマスや水力など天候に関係なくある程度安定して発電できる再エネ電源は必ず残します。

いとう　やっぱり余るのか。

西村　イギリスの政府機関の予想では2050年、これは「卸しの値段がいくらの時間帯がどのぐらいあるか」ということの図ですけど、「ゼロポンド」という、つまり電気にお金がつかないくらい余りまくってる時間帯が年間の65%ぐらい発生するとみられます。それだけの時間で電気に値段がつかないということで、電気は余るようになるんです。

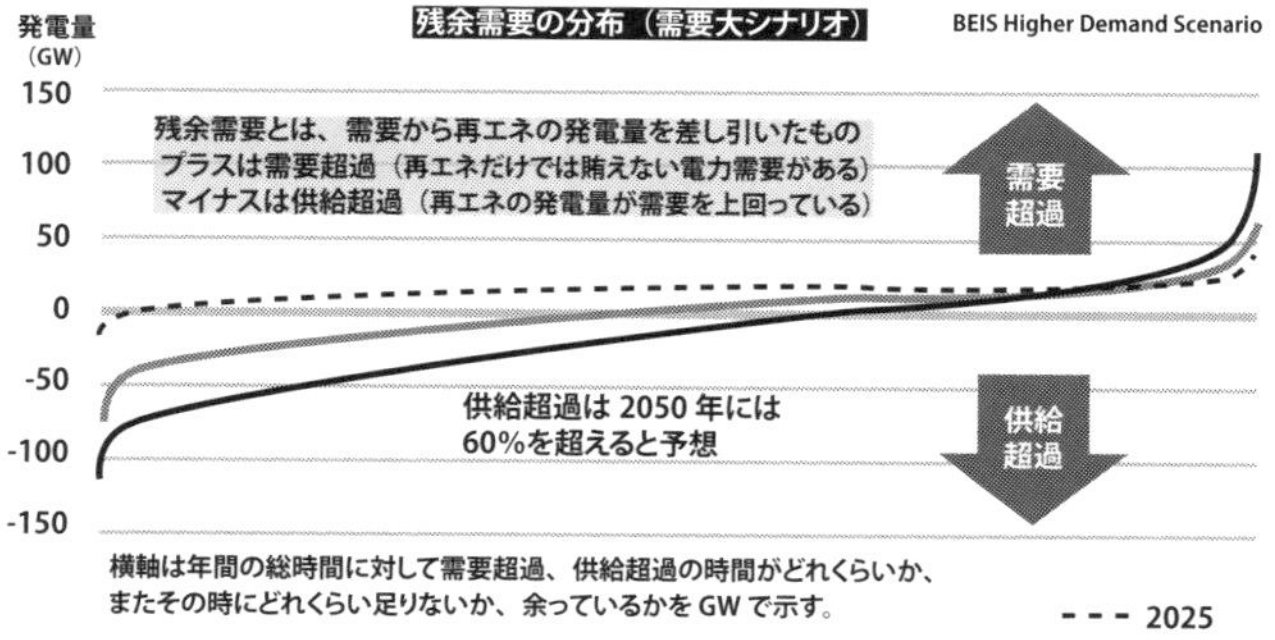
残余需要の分布（需要大シナリオ）
BEIS Higher Demand Scenario
発電量
（GW）
150
100
50
0
-50
-100
-150
残余需要とは、需要から再エネの発電量を差し引いたもの
プラスは需要超過（再エネだけでは賄えない電力需要がある）
マイナスは供給超過（再エネの発電量が需要を上回っている）
需要超過
供給超過は 2050 年には
60%を超えると予想
供給超過
横軸は年間の総時間に対して需要超過、供給超過の時間がどれくらいか、
またその時にどれくらい足りないか、余っているかを GW で示す。
2025
2035
2050

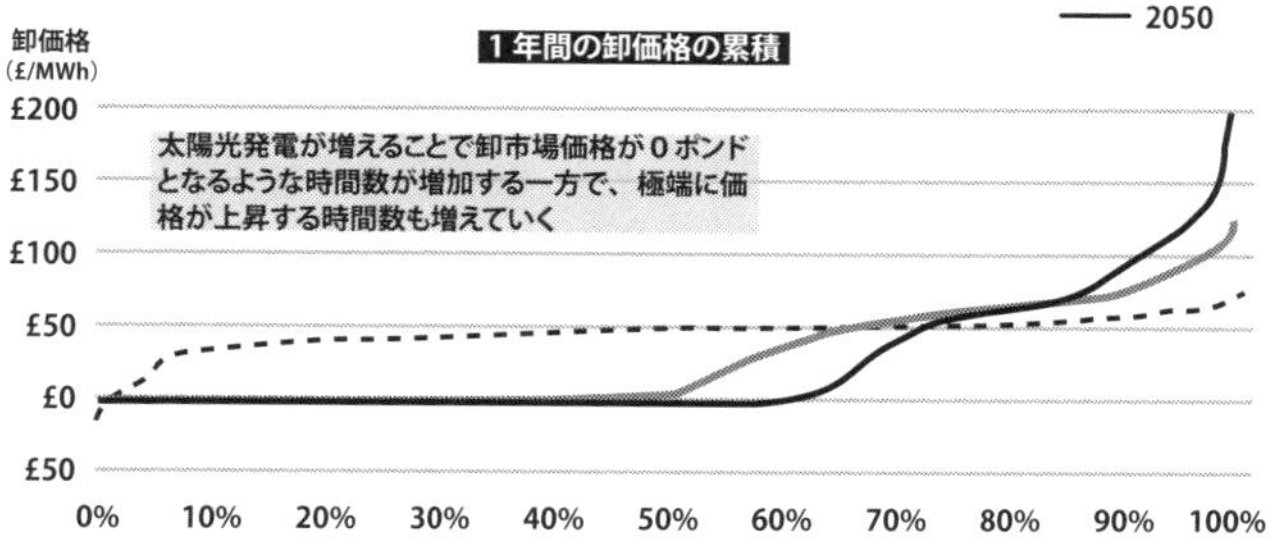
1 年間の卸価格の累積
卸価格
（£/MWh）
£200
£150
£100
£50
£0
£50
太陽光発電が増えることで卸市場価格が 0 ポンド
となるような時間数が増加する一方で、極端に価
格が上昇する時間数も増えていく
0%
10%
20%
30%
40%
50%
60%
70%
80%
90%
100%

いとう　驚きの未来図です。

西村　原発のあるなしにかかわらず、こういったものが再生可能エネルギーを中心とした電力の仕組みになります。電気がめちゃくちゃ余るのを、どうやってうまく使うかっていう考えが大切になってきます。だから一般に再エネ中心の世界っていうのは太陽光、風力、蓄電池と言われますけど、これはもう完全に間違いです。そんな世界は誰も望んでいません。それは再エネ１００％の世界をつくりたいと言ってる人ですら、まったく望んでない世界です。

いとう　それはつまり「他のものもいっぱい使うよ」ということですか。

西村　そうです。まず、太陽光と風力は「他の電源に比べて安い」のは間違いない。ですので、まずそれを大量につくると。そして先に述べた通り、安定して発電してくれる再生可能エネルギー、もしくは制御できる再生可能エネルギーということでバイオマスと水力。これらをある程度確保します。さらに、大量に余らせてそれを水素に変えたりして、足りない時に使うというやり方がもうひとつ。

もちろん太陽光や風力が揃って発電しない時間もあるので、太陽光や風力以外の電源もある程度発電容量が必要になります。ドイツの場合は需要家側の変動も考慮した上で、ピーク需要に届くくらいの制御可能な電源を用意します。先ほどのバイオマスや水力に加えて、蓄電池および電池としてのＥＶが必要ですし、さらにはコジェネ、つまりコージェネレーション（熱電併給設備）もつくることになります。コジェネは最初はガスを使いますが、将来的には水素で賄い、もちろん分散型にすることが求められます。

いとう　つまり、余った電気を熱にしておいて使うってことですか？　調整役みたいな。

西村　ドイツのエネルギーの課題はまずは中期的に、ガス不足やガスの価格高騰をどう解決するかに集約されます。となると解決策としては、安い再エネを熱として使うことを考えるのが大事になります。熱は安価で一定期間保存できますから電気が余った時間をうまく使う調整役にも適しています。

いとう　なんにせよ、それが２０５０年のヨーロッパがそうならざるを得ないビジョン、と考えていいですか。

西村　そうですね。ヨーロッパ全体で言うとそこにさらに原子力が入ってくることになりますが、ドイツの場合は原子力がない方が楽だという風に考えているので、彼らの未来は「原子力のない世界」になります。

いとう　なるほど。

西村　エネルギー転換後の世界をつくることは、先ほどの話ですが、例えば街の道路という自動車が移動するためだけに使うインフラを、人々がそこで過ごせる別のインフラに変えていくという話になりますね。そうして「都市の魅力を上げていく」ことがカギです。

いとう　それは産業革命並みの転換ですし、価値の革命といっていいと思います。しかし気候危機を前にして、我々はその変化を起こさないとやっていけないってことなんですね。

西村　おっしゃるとおりです。そのためにはドイツもそうですが、セクターカップリングのような方法で「余った電気を交通なり、熱として使いましょうね」と。

いとう　セクターカップリングとは？

西村　すでに出てきたようにエネルギーは電気、熱、交通という3つのセクターで主に使われます。これまでは互いに別々だったわけですが、再エネで生み出した豊富な電力を熱や交通で使うことでセクター間を繋げていく、つまりカップリングしていくということです。

いとう　ああ、なるほどー。

西村　セクターカップリングの肝は、再エネの電気は安いんだからたくさんつくっておいて、「それをうまく使いましょう」ということです。電気自動車とガソリンの自動車であれば、電気代や燃料費、保守メンテナンスの費用とかも考えると電気自動車の方が安いので、それがちゃんと知られるようになれば「電気自動車の方がいいね」となるだろうと思います。

いとう　発想、ビジョンがまったく予想外過ぎちゃって、「これが世界が向かってるビジョンだったんだ」とド肝を抜かれてます（笑）。僕たちが向かってるところは、なんとか必死に「今日の電気をつくりましょう」みたいな未来だと思ってたんですけど、そういうんじゃなかったんですね、世界は。日本で「電気が余る」なんて考えてないですもん。

西村　もちろん「今、余る」というよりは、将来的には「余る仕組みが当たり前にならないといけない」ということです。ドイツの場合、「そこまでの移行期間にロシアの安いガスを使いたい」というのがずっとあったんですが、これはまず成り立たなくなりました。ですので、この将来的なビジョンは全然問題ないし、強固なものなので変えないまま、そこへ至る道のりを「ロシアの安いガスを使わないでどうやるか」ということが今の大きな課題です。とはいえロシアのガスに依存することになった経緯は再生可能エネルギーやエネルギー転換だけが原因ではなく、やはり化石燃料に依存した社会を維持したいという力もあったことは意識しておく必要があります。

では原発はガスの代わりになるかというと、ガスと原子力は特性が違います。ガス火力発電は出力を短時間で大きく変化させられるすごく柔軟なものなので、「再生可能エネルギーの変動に対応するためにガス火力に類する技術、例えば水素が欲しい」というのは今後も絶対にあり続けます。新しい原発はこれまでより柔軟であると言われていますが、開発途上でドイツでは間に合いません。

従来の原発は、特に今ドイツ国内で動いている原発は、出力を短時間で大きく変動させることは技術的にも経営戦略的にも考えられていません。つまり柔軟ではないんです。その代わりとにかく動かし続けることで電気を提供できます。「安定供給にはこうしたベースロード電源が必要なのでできる限り温存する」という手はあるでしょう。しかしそこでは再エネの導入量に自ずと上限がかかる懸念があります。将来的に再エネと比べると割高な原発をベースロード電源として維持するために、再エネの導入に待ったがかかるかもしれないということです。他方でドイツが目指すのは、とにかくまずガンガン再エネを入れる。

いとう　今のガスの話もそうですけど、つまり柔軟であるというのは「小回りがきく」ということですよね。余った時と足りない時に、原子力の場合はドカーンとつくれるけど、量の調整はできない。その代わりに再生可能エネルギーで思いきり余らせて、プールしておいたものを使えばいいという考え方。

西村　今後は再エネの方が安くなりますが、これまでベースロード電源には「安い」という特徴がありました。それから、そもそもベースロード電源は電気をつくる人と使う人が完全に別なんです。そこが分散型になると、使う人とつくる人が一緒になる。または関係性が近くなる。そういう存在は「プロシューマー」と言われたりしますが、例えば電力シェアリングにしても、電気を売る人もいれば、電気を使う人もいる。さらにはつくった電気を自分で使う人もいる。そういう意味で、つくる人と使う人が一緒になっていくし、大事なのは電気の単価よりも、その人が使う年間のエネルギーコストをどう安くするかということになります。それが、電気をつくるだけの発電事業者がどうやって儲けるかよりも大事になっていく。そういう意味では電力に限らず、エネルギーというものにおいて、根本の発想がすごく変わってくる。

例えば電気自動車をガンガン使う人であれば、「今後年間の半分以上の時間帯で、電気をゼロ円で使えます」と言われたら、当然その時間帯に充電すれば「ずっとタダで走れるじゃん」となります。パン工場の人も「電気がタダの時間にどんどんパン焼き窯を使えば、タダじゃん」みたいな話になる。

そうなると当然、じゃあ「太陽光や風力が安いとはいえ本来は無料ではないし、風力と太陽光以外の柔軟性のある電気はもっとコストがかかるはずなのに、そこはどうするの？」ということになる。もし世の中が電気をつくる人と使う人に明確に分けられた世界のままであれば、無料でしか売れない電気をつくる人はいなくなる。なので電気がいつでも無料の世界はさすがに難しい。そこでドイツでは電気が足りない時間帯の電気代はすごい高額にしましょうねといった話が出てきます。自家消費やご近所融通、電力シェアリングやコミュニティエナジーは、そうしたリスクを考えた上で「トータルの電気への出費を抑えましょう」というやり方になると考えられます。

いとう　自分たちで使うものは自分たちでつくっちゃおうという。電気のＤＩＹは世界の流れだったんだ。

西村　よくある誤解のひとつに、再生可能エネルギー中心の電力システムをつくるにはガスがものすごくいるし、そもそも「それがドイツの失敗の原因」というのがありますが、それは実は数字だけ見るとそんなに正しくありません。ドイツ国内のガスの電力に占める比率、発電量の推移を見ると、そもそもガスの発電量が増えたのと再生可能エネルギーが増えたのは相関はないんです。

先ほどお話ししたように、やはり将来もガス火力の発電容量は必要になります。特にコジェネで水素も使えるようなものはかなりの量必要になるんですが、それは常に動き続けることはありません。逆にほとんどの時間は動かなくなっていくので、そういう意味では再生可能エネルギーを増やせば逆にガスの消費量を減らせます。

いとう　なるほど、そういうことか。

西村　ドイツが今一番やるべきこととして、まず省エネは、それはもう絶対に重要です。そしてその上で、再生可能エネルギーをどんどん増やすことです。ドイツの場合は特に大きなガスの貯蔵設備があります。なので再生可能エネルギーがどんどん発電してガスの発電量が減ると、輸入してきたガスは使われずにその巨大な貯蔵設備に蓄えられます。

いとう　一方で日本の場合になりますけど、再エネでＦＩＴの制度があったがために、つまり小売は電力を卸価格で引き取ることになっているんで、新電力の会社が高く電気を買わなきゃいけなくなって、せっかく本当なら再生可能エネルギーがどんどん安くなってるはずなのに高い価格で市場と連動しているものを買って、それをさらにみんなに分けなきゃいけない。おのずと電気代も高くなって、それで毎日大変なことになっている。実際に再エネの会社がバンバン潰れてる。これは、どうしたらいいのか、どうしてこんなことになっちゃったんでしょうか。

西村　電気代、特に卸価格の高騰については、実はヨーロッパの方がさらにひどい状況で、かなり難しい問題になっています。特に自分たちで運営、または所有している発電設備が少なく、卸市場に頼る部分が大きい電力小売さんというのは、再エネか再エネじゃないかに関わらず、非常に苦労されています。日本もドイツも仕組み上再エネ、特にＦＩＴ電力は卸市場で取引される傾向が強いので、これを集めたいと思う人は、おっしゃるとおり大変な苦労を強いられています。

なぜかというと、電気代がめちゃくちゃ高いということがあります。ではなぜ電気代、特に卸しの値段がここまで高いのかというと、卸価格は、需要供給曲線において「需要と供給の交点」ただひとつに決まります。そしてドイツでも日本でもその交点にくる電源はほぼガスです。日本も含め多くの国で現在ガスの値段が猛烈に高いので、電気を買おうと思うと、どうしてもものすごい高値の電気を買わざるを得ないということになります。

いとう　ガスの値段に引っ張られている。

西村　そうです。基本的には電気に限らずどんなものでも同じです。ものの価格というものは、需要曲線と供給曲線の交点で決まります。電力業界ではこれを「メリットオーダー」と呼びますが、経済学の基本的な考えであることは他の財と変わりません。簡単にいうと供給曲線の上に、再生可能エネルギーという安い電気、あとは昔の原発は安いんですが、そういう安い電気と、ガスによるものすごく高い電気というのがあります。今はガスの値段が高いので、供給曲線はあるあたりから急激に直角に伸びるような線になっています。

つまり、供給曲線が緩やかな曲線だといいんですが、ガスが猛烈に上がっている今の状況だとある点からズドンと上がっちゃっているので、卸しの値段がものすごく高い上に回避する手段がほぼないという状況です。これが今の電力「卸市場」の問題です。これは日本でもドイツでも変わらないというか、ヨーロッパは今ガスがものすごく高いので、日本よりも苦労してます。

いとう　そうか、ガスなのか。

西村　電気の価格がガスの値段で決まってしまう仕組みになっています。

いとう　うまくガスの問題を外して経済圏をつくることはできないんですかね？

西村　今ヨーロッパで提案されているものにはそういうものもあります。ガスの電力の市場と、それ以外を分けようというものです。これはギリシャの提案ですけども、そういったものがあることはあります。ただ「それが本当にいいのか」というのは別問題です。一般的な需給曲線が示しているのは価格によって需要は調整できるということです。今はドイツでは電気というかガスが足りないので、ガスをガンガン使われると困ります。ガスを使い過ぎてガス切れになっちゃうと、そもそも発電機すら回せないので「じゃあ、地域ごとに順番に停電させる輪番停電です」ということになってしまう。

少なくとも今は、ガスとそれ以外を切り離して電気の値段を無理やり押し下げるというのは、供給に比べて需要が大きくなり過ぎるリスクがあり、「できれば避けたい」というのが、ドイツの専門家の意見です。

いとう　ガスを助けなきゃいけない。

西村　値段をあまり下げ過ぎると需要が下がらないので、どんどんみんなが電気やガスを使ってしまう。そしてロシアからのガスが止まってる状況で暖房や発電にガスを使い過ぎると、どこかでガスがなくなって、そうすると暖房も電気も止まるということになる。そうならないように、まずは高い値段をある程度維持しないといけない課題があるんです。

ただしおっしゃっていただいたように、再生可能エネルギーの電源はそもそも安いわけです。今のところ再生可能エネルギーの事業者とか原子力発電所の事業者は、電気を１k

Wh10円ぐらいでつくれますが、卸し値には300円、400円がついてる状況です。それに関しては「ヨーロッパは是正する」ということで、価格上限か、それともそういう発電事業者さんには追加の税金を課すか、どちらかの方法で回収して「それを電気代の高騰対策として使う」ということになろうとしてます。

いとう　方向は決まってきたと。

西村　今それが提案されて議論されている段階なので、「どうなるか」まだ決まってはないと思いますが、そういった仕組みが導入されるのは確実だろうと思います。

いとう　そうすると消費者としては高くなくなる。でもその中間業者たちは、いいことをやっていたはずなのに、そこのところは報われない感じなんですか。

西村　そこはなかなか、難しいところですね。アグリゲーターというのはいろいろな在り方が必要で、だから電気を外から買ってきて消費者にお渡しするというだけでビジネスが成り立つのは、今後難しくなると。それに加えて新しい価値を届けることが必要です。もちろん再エネ電力を届けるというのはひとつの価値であり続けるとは思います。

いとう　今までとは違うカタチにならなければいけない。

西村　みんな電力さんだと〈みんなエアー〉、空気をモニタリングして清浄にするサービスですね。あのように、いろいろなサービスとの組み合わせが重要になっていきます。その中でやはり、企業の持つビジョンといったものが電力の小売りにとっても、エネルギーの小売りにとっても、非常に重要になっていくだろうと思います。

もうひとつは、日本ではなかなか難しいんですが、ヨーロッパには電気だけじゃなくてガス、それから地域熱とかも含めて全部やってるような企業さんがあります。こういうところは、再生可能エネルギーを安く自前で確保できればできるほど、すごく競争力が増していくんです。なので今まで小売りしかやってこなかったような事業者さんが、ものすごい勢いで再生可能エネルギー設備に投資をはじめようとしています。

他にも、「自家消費をお助けする」ということがありますね。ヨーロッパだとスーパーマーケットとかで、屋根に今まで何も乗せてなかったようなところが、もう「太陽光パネルをバンバン乗せなきゃ」という状況になっています。そういった、「太陽光パネルをスーパーの屋根に乗せたい人たちをお手伝いする」、「自家消費をお手伝いする」というモデルというのも、必要になってくると思います。

いとう　エネルギーづくりをプロデュースする動き。それに「蓄電池を売る」とか、そういうことも含みますよね。

西村　そうですね。

いとう　そういう、全体的にエネルギーのすべてにわたっていろいろをやるように拡大した方がいいということですか。

西村　そうです。それから、再生可能エネルギーの電力を売る方もやはり「卸しでの調達をできる限り避ける」ということですね。もちろん批判もたくさんありますけれども、卸しの仕組みは非常に良くできているので私個人としては卸市場の仕組みそのものにはそんなに手を入れない方がいいと思います。大きな変動の調整には卸市場が効果的であるという点は変わりません。それでも、アグリゲーターさんで電力の小売りもする場合は、この卸市場以外を使っていかにうまく電気をお客さんに届けるかが重要になります。

もしくは、お客さんが欲しいのは本来電気じゃなくて、体験つまり価値なわけです。だから、そういった価値をどうやって届けるかという仕組みをわかりやすくつくるというのが、ひとつ重要だろうと思います。

いとう　なるほど、それでみんな電力もアップデーターって会社の名前を変えたのか(笑)。

西村　太陽光パネルの電気のコストは今だとドイツならｋＷｈ10円ぐらいになります。自家消費なら自分でつくった電気はずっとｋＷｈ10円の電気です。卸市場がｋＷｈ５００円でも1000円でも、いやまあそうなって欲しくはないですけど、そんな電気は買わずに10円の屋根からの電気を使い続けられます。蓄電池を使うと10円よりは高くなりますが、価格が変動しないという本質は同じです。そういったことをうまく簡単にできる仕組みを届けてあげれば、卸しの価格に左右されない電力ビジネスモデルをつくることができます。

そのためにはいろんな制度改革が必要で、ドイツもそのためにやらなきゃいけないことは山積みなので、少なくとも日本でもドイツでも卸市場以外でいかにうまく電気を調達できる仕組みをつくっていくかが鍵になります。

今まではヨーロッパ、特にドイツでは先物市場をうまく使ってきました。でも日本だとまず先物市場は、電力に関しては非常に規模が小さい。このエネルギー危機を乗り越えた先には、やはり先物市場を「いかにうまく使うか」ということが重要になってくると思います。もうひとつは、「エネルギー会社が届けなきゃいけないものが何なのか」ということを、定義し直さなきゃいけないということですね。

いとう　その価値を。

届けるのは価値なので

西村　電気なりガスなりというのは、あくまで価値ではなくて「届けるために必要な物資」というか。「電気が欲しい」という人はいなくて、みんな「電気があるから使えるもの」が欲しいわけですよね。

いとう　つまり電気は「媒体だ」ということですよね。メディアみたいなもん。

西村　おっしゃるとおりです。そういったかたちで新しくビジネスを定義できる人、できる企業というのが重要だと思います。

例えば新しい産業として出てきているのは、ビルの空調管理です。空調だけじゃなくてCO2濃度も測ったりしながら、快適な空気を建物の中に届ける。つまり、快適な労働環境を届けるようなサービスですね。従業員が働きやすい環境という価値を届ける。その中では、熱と電気というのは非常に重要な要素になりますから、そういったものをまとめて届けると。電気だけ売っていても、どこの国でも今や薄利多売です。なので薄利多売じゃないビジネスもうまくやらなきゃいけない。

いとう　つまり、電気をどうこうというよりエネルギー全体ってことでしたけど、もう本質はエネルギーということでさえなくて、つまり「エネルギー&新しい価値」であると。

西村　そうですね。

いとう　それが我々にとっての「電気にとらわれない社会」というか、「そうなっていかざるを得ない未来」という考えですよね。

西村　例えば、電気をキッチンへ届けるとします。もちろん料理が趣味な方もいらっしゃいますけど、ほとんどの方は別にキッチンに電気が欲しいのではなくて、温かい料理をリビングで食べたいわけです。

いとう　確かにそうですね（笑）。

西村　そうなると、ただ電気を届ける方がいいのか、それとも電気を使って料理するのと同じぐらいのコストで温かい料理を届けた方がいいのか。もし届けられるのであれば、むしろ電力を売ってた人はそういったサービスに入っていった方がいいんじゃないかと。

いとう　ウーバーイーツになってもいい。

西村　電力会社がウーバーイーツみたいなことをやるっていうのは、今後全然不思議ではないと思いますし、実際に出てくるだろうと思います。

いとう　いや、すごい。あらゆる思い込みがガラガラと崩れて気持ちがいいほどです（笑）。

西村　いやいや（笑）。もうひとつあるのは、エネルギーの中でも特に重要な、そして難しいと言われる交通に関して、移動する価値ではなくて「移動しない価値」というのをどう高めていくかも大事になります。

いとう　行かなくたってできることがあればいいってことですね。

西村　そうです。そのひとつが、都市部の自動車道路をなくしてカフェなり公園にすることで、わざわざ郊外へ出ていかなくても快適な空間が都市部にあるという。

いとう　なるほど。みんな、農村の時代かと思っているけど、これからはむしろ都市の時代でもあるじゃないかと。

西村　世界的には今も、人口は圧倒的に都市への集中が進んでいるので。

いとう　であれば、その場所をいいところにしなきゃって話ですよね。

西村　自動車道路を減らして全部公園にしても、結局そのまわりをガソリン車やディーゼルが走ると空気が汚れてしまいます。そうなると、街の中を走るものは、走ってる時に排ガスを出さない、電気自動車しかもう手がないということになります。

いとう　中国四川省にみうらじゅんさんと仏像見に行ったら、パンダ見るところとか人が集まる名所とかの何キロだか何十キロだか圏内が全部、電気自動車になっちゃってましたよ。

西村　それが未来のスタンダードだと思います。

いとう　「中国、早い」と思ってびっくりしました。でも、強引にでも、新しいビジョンの方へ転換してるってことですね。

西村　中国がすごいのは、ゼロから街をつくれるってことなので（笑）。今あるものを少しずつつくり変えていかなきゃいけないのが日本なりドイツなりで、中国はゼロベースからいきなりドンッとつくれるという強みはあります。

いとう　我々は我々のやり方で、なるべくスピーディーにやっていこうってことしかない。

西村　ドイツでは、「太陽光と蓄電池をうまく使いましょう」というメーカーさんがすごく成長したんですけど、そこに中国のある偉い方が来て、その人がその会社の社長に向かって「都市をまるまる1個あげるから、好きなように都市をつくってみて」という提案をしたっていう話を聞いたことがあります（笑）。

いとう　ありそう（笑）。

西村　中国の場合は、「こういう街をつくるので電池何個ください」とか「何億ユーロ分ください」じゃなくて、「あなたの電気が使いやすい街を、好きなように設計してみてくれたらつくってあげましょう」みたいなビジネスをやるんです。

いとう　発想が全然違いますよね。

西村　これはさすがにドイツもやらない方がいいと思いますが、中国にはそういう強みがあります。

いとう　日本でもハチドリソーラーというところが蓄電池と太陽光パネルをセットにしてリースをするっていう、そういうビジネスモデルを持って動いてる。そっちが近未来的だということですよね。

西村　再生可能エネルギーをすごいスピードで普及させようと思うと、電気を使う人が「まず最初にまとめて投資をしなきゃいけない」というのは難しいと思います。なので、リースみたいなかたちで、初期負担ができる限り少ないまま進められるビジネスモデルが、今後はやはり増えてくるんじゃないでしょうか。

いとう　なるほど！　いやもう、目からいろんな鱗が落ちました。お話できて本当にうれしいです。

西村　いえいえ。

いとう　なるべくきちんと読者の方々に伝えて、新しい自分たちの価値の創造の仕方を提案しないといけないと思います。それにしてもドイツは、一体どこから日本にはなかなかないような、市民のそういった想いとか動きが出てくるんでしょうね。

西村 ひとつには、もともと地方分権が非常に強いんですね。

いとう ああ、そうかー。

西村 ドイツもそうですが、ヨーロッパって街と街の距離がけっこう離れていて、「自分たちの街」という意識がもともと強いことがあると思います。自分たちの住む場所を、なんとか「自分たちが魅力的に感じる街」として残していきたいというのがあって、その中で「持続可能な社会にしていかなければいけない」という考えが出てきたと。

きっかけは、ドイツでは特にチェルノブイリは大きかったですね。そういったことがあって、エネルギーに対しての意識がかなり変わってきた経緯があります。もうひとつは税制、もっとざっくりいうと「お金の流れが違う」ということがあるんですね。

ドイツの場合、地元の企業さんの売上税というのは地方税であって、国税ではないんです。だから企業や住民が地元で頑張って地元にお金を落とすと、それが地元に還ってくるっていう仕組みが日本よりも強くあります。ですので、日本は東京に大企業が集中するみたいな構図がありますが、ドイツだとそういうのはあんまりなくて、地方にすごいリッチなめちゃくちゃ稼ぐ中小企業があったりします。

そういうところで、「自分たちの街」という意識に対してドイツでは「市民企業」という言い方、つまり「シチズンエンタープライズ」と言いますが、市民意識を持った企業がもともといると言われています。そういう背景もあると思います。

いとう　歴史的な違いですね。日本でも藩はあったけど徳川政府の中央集権が強かった。近代化したらそれがさらに国家に帰順するようになって、各地方の違いがもったいなくも消えちゃった。でもヨーロッパには自律性が残っていると。

西村　そこが大きいと思います。

いとう　ちなみに、そこでさらに個人の在り方はどうですか？　例えばアートの力がドイツの社会に強く影響してるように見えるんですが。アンダーグラウンドなものも含めて。

西村　私はアートの専門ではないですし、その歴史はまったくわからないですけども、やはり自己表現が違うんですよね。自己表現をする時に「オレはこうだ」だけではなく、「オレはこう生きたい」みたいな未来像まで表現しようと思うと、では現在「自分は一体何を使って生きているのか」ということに対して意識が向かざるを得ないと思うんです。

いとう　下部構造にも目が向く。

西村　ドイツは「自己主張してなんぼ」という世界ですから、学校でも発言しないと成績が悪いんです。授業参加貢献度みたいなのがすごく成績に左右するので、学校でも生徒がみんな手を挙げまくります。そういう中で、「自分はこう生きたい」みたいなことを躊躇なく言えるし、それを表現できるアーティストに対する尊敬っていうのはすごくあると思います。そういった意味で、「僕らがつくるアートは未来に貢献するんだ」みたいなものを持ってるアーティストが、こういったエネルギーなんかの活動と結びつきやすいと思います。

いとう　確かにそのとおり。そこを僕らも少しでもかさ上げしながら、この世界の困難の向こうの大変化を素早く取り入れて、電気とライフスタイルをより良く変えられたらと思います。目の前はまだ真っ暗闇ですが、その先に良い未来があり得るんだと思うことができました。

ありがとうございます。

西村　ありがとうございました。

あとがき

ということで、今大事な情報をくれると思われる5人の方々の実際のお話は以上です。

人々がどこか集団神経症的に「強い国家」、「強い言い回し」、「強い電力」にばかりひきつけられている現在この時、本書を緊急出版させていただけるのはありがたいことです。

急な企画を引き受けてくださった東京キララ社の皆さん、協力を惜しまないでくれるアーティスト電力スタッフ一同（取材にぴったりくっついて映像を編集し、〈いとうせいこう発電所〉契約者の方々のためにアップしてくれた川田晋一くんなど）、当然急なコメントをお願いしたところ快諾してくださった再生可能エネルギー界の偉人たち、そして誰より各人へのインタビューの筋道をつくり、僕が手を入れる前の草稿を長時間の録音から構成してくれたアップデーターの、というより以前からＤＪとして知っている平井有太マン、さらにTwitterアカウントの絵を勝手にカバーにまで使うことになりました、ＬＯＳＴＡＧＥ五味岳久画伯に最大限の感謝をいたします。

とはいえ、インタビュー集はここで終わりではないと思っています。まだまだ話を聞くべき方はいますし、今回と同じ人物に再びインタビューする必要もあるでしょう。

ネット情報の不安定さを避けつつ、書籍の情報の固定を避けるためには、さくさくつくってさくさく出す「雑誌」みたいなものが必要な気もしています。

さてさてとにもかくにも、この時代の変わり目に貴重なお話を聞いてきた僕が今、読者の皆さんに伝えたいのは以下のたったひとことです。

明日はこっちだ！

◉梶山喜規◉

東京電力株式会社にて小売料金戦略策定などに従事。その後、出光興産株式会社、株式会社エネットを経て2019年にみんな電力株式会社（現：株式会社UPDATER）に参画。2022年7月、取締役に就任。再生可能エネルギー電力の調達から小売までClimate Tech事業を統括。

株式会社UPDATER

◉前川久美◉

東京下町生まれ、下町育ち。短大卒業後、飲食店に長年勤務。家庭の事情にて太陽光発電設置会社へ転職。その後、現職にて持続可能な社会づくりに気づく。太陽光・小型風力発電を使用した自産自消型のシステムの設計、施工指導などを行う。集合住宅に住む人が、太陽光発電を貯めて使える製品「でんきバンク」を開発。一児の母。

株式会社アイジャスト

◉東 光弘◉

1965年東京生まれ。20年ほど有機農産物・エコ雑貨の流通を通じて環境問題の普及に取組み、2011年より地域再生型の再エネ活動に専念。ソーラーシェアリング事業および部品開発、講演や環境プロデュース等を務める。2021年㈱TERRA設立。農地取得適格法人の役員を務めながらオーガニックな6次化と農泊事業なども手掛ける。

株式会社TERRA

市民エネルギーちば株式会社

◉三浦広志◉

1959年福島県南相馬市小高区井田川生まれ。1986年小高町農業を守る会(農民連の地域組織)を設立。東日本大震災・東京電力福島第一原発事故後、東京での避難生活を経て、農業法人として太陽光発電事業に取り組む。2012年特定非営利活動法人野馬土を設立。2023年福島大学大学院食農科学研究科に入学予定。

特定非営利活動法人
野馬土

◉西村健佑◉

ベルリン自由大学環境政策研究所修士課程修了。その後、ベルリンの調査会社を経て、2017年独立。2021年にはUmwerlinを設立。エネルギーとデジタル化を中心に、地域の持続可能性を維持、向上する政策や取り組みに関する調査を行っている。成蹊学園サステナビリティ教育研究センターフェローなどとして、メディアでも定期的に情報発信を行っている。

『今すぐ知りたい日本の電力 明日はこっちだ』 特設ページ

本書にお寄せいただいたコメントを集めたページです。
ぜひお読みください!

◉いとうせいこう◉

1961年生まれ、東京都出身。早稲田大学卒業後、編集者を経て、作家、クリエイターとして活字・映像・音楽・舞台など多方面で活躍。1999年、『ボタニカル・ライフ 植物生活』で第15回講談社エッセイ賞受賞、2013年『想像ラジオ』で第35回野間文芸新人賞受賞。

いとうせいこう発電所

今すぐ知りたい日本の電力

明日はこっちだ

発行日 2023年3月13日 第1版第1刷発行

著　　者　いとうせいこう ©2023

発 行 者　中村保夫
発　　行　東京キララ社
〒101-0051 東京都千代田区神田神保町2−7
芳賀書店ビル 5階
電　　話　03-3233-2228
MAIL　info@tokyokirara.com
企画・編集　平井有太
デザイン　オオタヤスシ(Hitricco Graphic Service)
編集・DTP　中村保夫　沼田夕妃　加藤有花
印刷・製本　中央精版印刷株式会社

ISBN 978-4-903883-66-3 C0030
2023 printed in japan